国家中等职业教育改革发展示范学校建设系列成果

# 单片机技术基础与应用

DANPIANJI JISHU JICHU YU YINGYONG

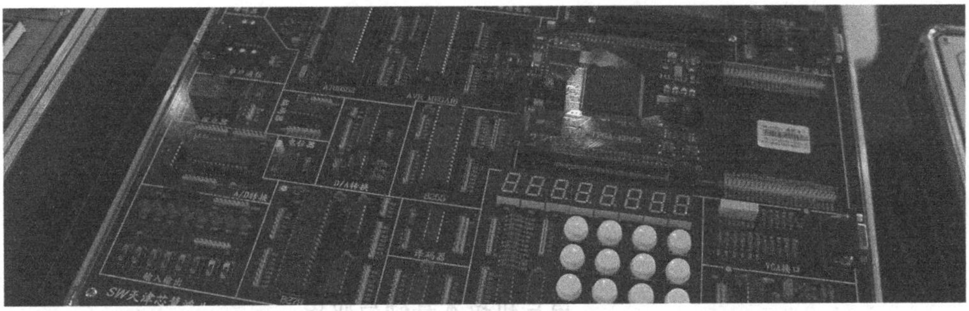



主　编　胡伶俐　何建铵
副主编　欧汉福　张　芳
参　编　张西凤　刘　洋　刘宗赫
　　　　曾　璐　牟能发　石　波
　　　　邹　滔

重庆大学出版社

## 内容提要

单片机技术基础与应用是电子电路相关专业培养学生设计电子产品的关键课程。本课程以项目为导向,内容包括单片机及其开发工具的认识、灯光控制、按键控制、继电器的控制、数码管显示控制、点阵显示控制。本书采用任务驱动的方式编写,以 AT89C51 单片机为背景,结合 Kei C51 单片机软件开发系统,从实际的角度出发,以任务驱动为主线,系统地介绍了单片机的基础知识和基本应用。

本书内容丰富且通俗易懂,具有很强的实用性,可作为中等职业学校电工电子、机电、电气自动化、通信等专业的课程教材,也可以作为相关工程技术人员的参考书。

**图书在版编目(CIP)数据**

单片机技术基础与应用 / 胡伶俐,何建铵主编.—
重庆:重庆大学出版社,2015.3(2021.8 重印)
中等职业教育电子与信息技术专业系列教材
ISBN 978-7-5624-8874-3

Ⅰ.①单… Ⅱ.①胡…②何… Ⅲ.①单片微型计算机—中等专业学校—教材 Ⅳ.①TP368.1

中国版本图书馆 CIP 数据核字(2015)第 038214 号

**单片机技术基础与应用**

主 编 胡伶俐 何建铵

副主编 欧汉福 张 芳

策划编辑:陈一柳

责任编辑:文鹏 曾春燕 版式设计:陈一柳

责任校对:谢芳 责任印制:赵 晟

*

重庆大学出版社出版发行

出版人:饶帮华

社址:重庆市沙坪坝区大学城西路 21 号

邮编:401331

电话:(023) 88617190 88617185(中小学)

传真:(023) 88617186 88617166

网址:http://www.cqup.com.cn

邮箱:fxk@cqup.com.cn (营销中心)

全国新华书店经销

POD:重庆新生代彩印技术有限公司

*

开本:787mm×1092mm 1/16 印张:7.75 字数:174 千

2015 年 3 月第 1 版 2021 年 8 月第 2 次印刷

ISBN 978-7-5624-8874-3 定价:23.00 元

## 重庆市工贸高级技工学校

# 电子技术应用专业教材编写
# 委员会名单

主　任:叶　干

副主任　张小林　刘　洁

委　员　何建铵　刘　洋　刘宗赫

　　　　胡伶俐　欧汉福　曾　璐

　　　　梁伟生

审　稿　欧　毅　陈　良　刘　洁

**合作企业:**

重庆艾申特电子科技有限公司

上海因仑信息技术有限公司

旭硕科技有限公司

纬创资通有限公司

达丰电脑有限公司

# 序 言

重庆市工贸高级技工学校实施国家中职示范校建设计划项目取得丰硕成果。在教材编写方面，更是量大质优。数控技术应用专业6门，汽车制造与检修专业4门，服装设计与工艺专业3门，电子技术应用专业3门，中职数学基础和职业核心能力培养教学设计等公共基础课2门，共计18门教材。

该校教材编写工作，旨在支撑体现工学结合、产教融合要求的人才培养模式改革，培养适应行业企业需要、能够可持续发展的技能型人才。编写的基本路径是，首先进行广泛的行业需求调研，开展典型工作任务与职业能力分析，建构课程体系，制定课程标准；其次，依据课程标准组织教材内容和进行教学活动设计，广泛听取行业企业、课程专家和学生意见；再次，基于新的教材进行课程教学资源建设。这样的教材编写，体现了职业教育人才培养的基本要求和教材建设的基本原则。教材的应用，对于提高人才培养的针对性和有效性必将发挥重要作用。

关于这些教材，我的基本判断是：

首先，课程设置符合实际，这里所说的实际，一是工作任务实际，二是职业能力实际，三是学生实际。因为他们是根据工作任务与职业能力分析的结果建构的课程体系。这是非常重要的，惟有如此，才能培养合格的职业人。

其二，教材编写体现六性。一是思想性，体现了立德树人的要求，能够给予学生正能量。二是科学性，课程目标、内容和活动设计符合职业教育人才培养的基本规律，体现了能力本位和学生中心。三是时代性，教材的目标和内容跟进了行业企业发展的步伐，新理念、新知识、新技术、新规范等都有所体现。四是工具性，教材具有思想品德教育功能、人类经验传承功能、学生心理结构构建功能、学习兴趣动机发展功能等。五是可读性，多数教材的内容具有直观性、具体性、概况性、识记性和迁移性等。六是艺术性，这在教材的版式设计、装帧设计、印刷质量、装帧质量等方面都得到体现。

其三，教师能力得到提升。在示范校建设期间，尤其在教材编写中，诸多教师为此付出了宝贵的智慧、大量的心血，他们的人生价值、教师使命得以彰显。不仅学校不会忘记他们，一批又一批使用教材的学生更会感激他们。我为他们感到骄傲，并向他们致以敬意。

重庆市教科院职成教研究所　谭绍华

2015年3月5日

# 前　言

单片机是微型计算机应用技术的一个分支，在智能仪表、家用电器、医用设备、航空航天、汽车电子等各个领域都有着广泛的应用，已经成为了当今电子信息领域应用最广泛的技术之一。可以说，在我们周围的电子电器产品中，单片机无处不在。

当前我国正在进行职业教育教学改革，打破了传统的学科体系课程结构，建立基于工作过程的课程体系，采用行动导向，教学合一为指导的教学方法。职业教育注重学生专业技能实践性和专业技能转变为职业能力的可持续性。本书本着精讲、实用、易懂的教学原则，以任务驱动作为教材编写的主线，按任务实施组织教学，做到学以致用，有利于发挥学生的学习主动性并提高学生的学习效率。

本书一共有6个项目，分别是单片机及其开发工具的认识、灯光控制、按键控制、继电器控制、数码管显示控制、点阵显示控制。其中每个任务包括任务分析、任务目的、任务准备工作、任务相关知识、任务实施、任务拓展、任务评价、思考与练习。本书结构清晰明了，项目详尽具体，学生只需要一步一步实施即可完成。知识拓展能够延伸学生的视野；任务评价能够使学生对自己的项目过程进行总结，加深学习的印象；思考与练习为学生的应用留有发挥空间。

在项目的选择上面，充分考虑了各学校的教学设备状况，具有实验材料易得，制作简易，由浅入深，实用性强等特点。在实验过程中，既可以使用万能实验板制作，也可以在已有的实验板、试验箱或试验台上完成。

本书由重庆市工贸高级技工学校胡伶俐、何建铵主编，欧汉福、张芳任副主编，刘洋、曾璐、刘宗赫等老师参与了编写。黔江区职教中心、渝北职教中心、巫溪职教中心、梁平职教中心等同类学校老师也积极参与了本书的编写。

由于单片机是一门飞速发展并不断更新的技术，加之时间仓促，编者水平有限，书中难免有疏漏和不足之处，希望读者在使用本书的过程中提出宝贵的意见。

编　者

2014 年 12 月

# 目　录

# 项目一

# 单片机及其开发工具的认识

目前，单片机已渗透到人们生活的各个领域，几乎很难找到哪个领域没有单片机的踪迹。手机、电话机、洗衣机、冰箱、空调、电视、玩具、电子表、电子秤、MP3、MP4、数码相机、录音笔、汽车防盗器等常用设备，给我们带来了许多方便和生活情趣，可你了解在这些设备中，发挥主要作用的单片机（如图 1.1 所示）吗？

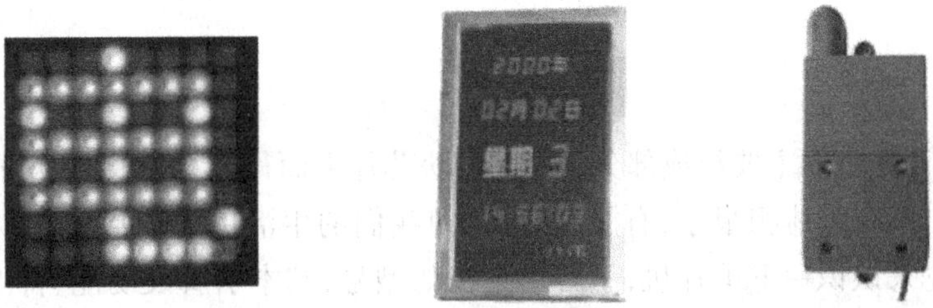

(a)广告灯　　(b)数字日历　　(c)识读检测仪器

图 1.1　单片机效果图

注：本书默认情况下，单片机为 51 系列单片机。

**●知识目标**

(1)能了解单片机的基础知识。

(2)能掌握 51 系列单片机常用引脚及功能。

(3)能了解常用型号单片机的特点。

(4)熟悉单片机的开发环境。

**●技能目标**

(1)能识别不同类型的单片机芯片。

(2)能查阅单片机型号和引脚功能。

(3)能安装及熟练操作 Keil 软件,进行程序的编写和调试。

**●情感目标**

(1)能养成谦虚、好学的态度,能利用各种信息媒体,获取新知识、新技术。

(2)能激发学生分析问题、解决问题的能力。

(3)能提高学生对专业的学习兴趣。

(4)能提高学生沟通、交流的能力。

# 任务一　认识单片机

## 【任务分析】

单片机因将计算机的主要组成部分集成在一块芯片上而得名,如图 1.2 所示,为单片机芯片的外形结构,别看它体积很小,有了它,可以使我们的生活更加丰富多彩。在开始学习单片机之前,首先来认识一下单片机,了解单片机的型号;基本引脚及功能、特点;了解单片机的应用领域。下面以 51 系列单片机为例。

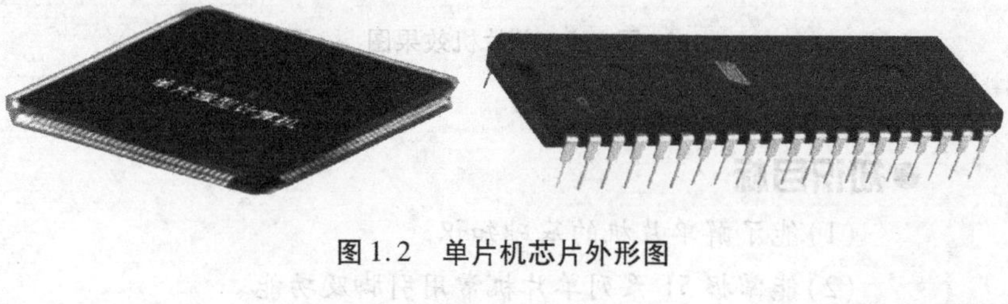

图 1.2　单片机芯片外形图

## 【任务目的】

(1)了解单片机的历史及发展。

(2)了解单片机的应用领域。

(3)能识别不同类型的单片机芯片。

(4)能查阅单片机型号和引脚功能。

## 【任务准备工作】

(1)器材准备:芯片 AT89S51 系列单片机两块。

(2)工具准备:白色 A4 纸一张、作图工具一套、笔一支。

## 【任务相关知识】

1. 电子计算机的发展概述

(1)1946 年 2 月 15 日,第一台电子数字计算机问世,如图 1.3 所示,这标志着计算机时代的到来。

①ENIAC 是电子管计算机,时钟频率仅有 100 kHz,但能在 1 s 的时间内完成 5 000 次加法运算。

②与现代的计算机相比,ENIAC 有许多不足,但它的问世开创了计算机科学技术的新纪元,对人类的生产和生活方式产生了巨大的影响。

图 1.3　第一台电子数字计算机

(2)匈牙利籍数学家冯·诺依曼在方案的设计上作出了重要的贡献。1946 年 6 月,他又提出了“程序存储”和“二进制运算”的思想,进一步构建了计算机由运算器、控制器、存储器、输入设备和输出设备组成,这一计算机的经典结构,如图 1.4 所示。

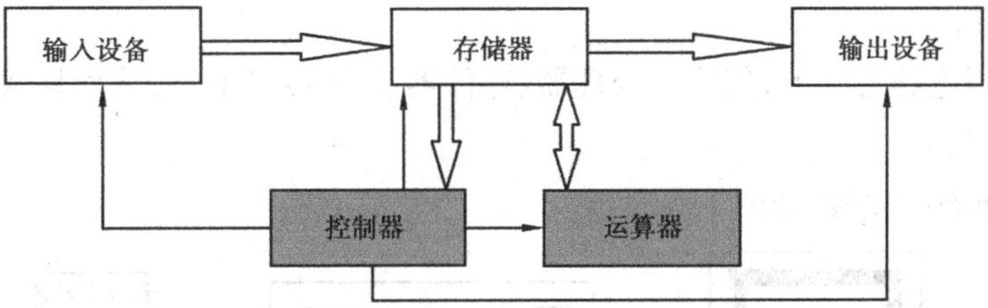


图 1.4　冯·诺依曼结构

(3)电子计算机技术的发展,相继经历了 5 个时代:

①电子管时代;

②晶体管时代;

③集成电路时代;

④大规模集成电路时代;

⑤超大规模集成电路时代。

计算机的结构仍然没有突破冯·诺依曼提出的计算机的经典结构框架。

2. 微型计算机的应用形态

从应用形态上，微机可以分为3种：

(1)多板机(系统机)。

将CPU、存储器、I/O接口电路和总线接口等，组装在一块主机板(即微机主板)上。各种适配板卡插在主机板的扩展槽上，并与电源、软/硬盘驱动器及光驱等装在同一机箱内，再配上系统软件，就构成了一台完整的微型计算机系统(简称系统机)。工业PC机也属于多板机。

(2)单板机。

将CPU芯片、存储器芯片、I/O接口芯片和简单的I/O设备(小键盘、LED显示器)等装配在一块印刷电路板上，再配上监控程序(固化在ROM中)，就构成了一台单板微型计算机(简称单板机)，如图1.5所示。

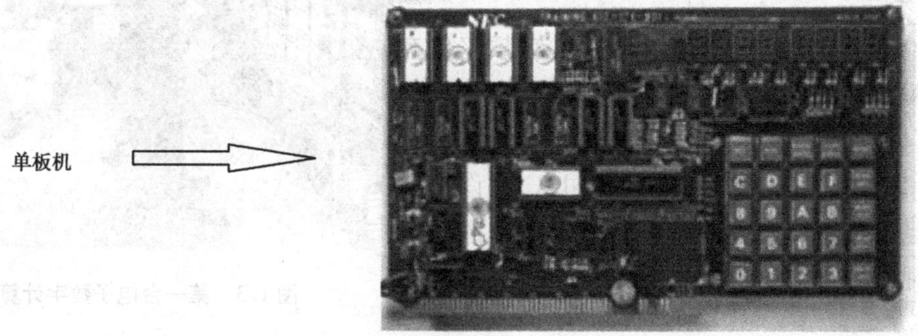


图1.5 单板机

单板机的I/O设备简单，软件资源少，使用不方便。早期主要用于微型计算机原理的教学及简单的测控系统，现在已很少使用。

(3)单片机。

在一片集成电路芯片上，集成微处理器、存储器、I/O接口电路，从而构成了单芯片微型计算机，即单片机。

3种应用形态的比较，如图1.6所示。

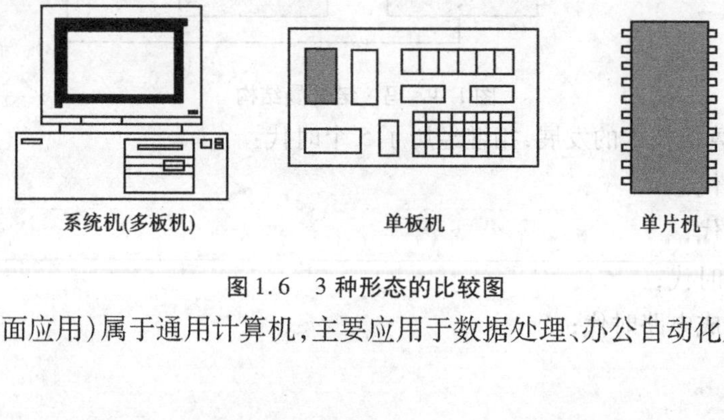


图1.6 3种形态的比较图

系统机(桌面应用)属于通用计算机，主要应用于数据处理、办公自动化及辅助设计。

单片机(嵌入式应用)属于专用计算机,主要应用于智能仪表、智能传感器、智能家电、智能办公设备、汽车及军事电子设备等应用系统。

单片机体积小、价格低、可靠性高,其非凡的嵌入式应用形态对于满足嵌入式应用需求具有独特的优势。

## 【任务实施】

1. 单片机的发展过程及产品近况

(1)单片机的发展过程。

单片机技术的发展过程可分为3个主要阶段:

①单芯片微机形成阶段。

1976年,Intel公司推出了MCS-48系列单片机。8位CPU、1 kB ROM、64 B RAM、27根I/O线和1个8位定时/计数器。

特点是:存储器容量较小,寻址范围小(不大于4 kB),无串行接口,指令系统功能不强。

②性能完善提高阶段。

1980年,Intel公司推出了MCS-51系列单片机:8位CPU、4 kB ROM、128 B RAM、4个8位并口、1个全双工串行口、2个16位定时/计数器。寻址范围64 kB,并有控制功能较强的布尔处理器。

特点是:结构体系完善,性能已大大提高,面向控制的特点进一步突出。现在,MCS-51已成为公认的单片机经典机种。

③微控制器化阶段。

1982年,Intel推出MCS-96系列单片机。

芯片内集成:16位CPU、8 kB ROM、232 B RAM、5个8位并口、1个全双工串行口、两个16位定时/计数器。寻址范围64 kB。片上还有8路10位ADC、1路PWM输出及高速I/O部件等。

其特点是:片内面向测控系统外围电路增强,使单片机可以方便灵活地应用于复杂的自动测控系统及设备。

“微控制器”的称谓更能反映单片机的本质。

(2)单片机产品近况。

①80C51系列单片机产品繁多,主流地位已经形成,近年来推出的与80C51兼容的主要产品有:

* ATMEL公司融入Flash存储器技术的AT89系列;
* Philips公司的80C51、80C552系列;
* 华邦公司的W78C51、W77C51高速低价系列;
* ADI公司的ADμC8xx高精度ADC系列;
* LG公司的GMS90/97低压高速系列;

* Maxim 公司的 DS89C420 高速(50MIPS)系列;

* Cygnal 公司的 C8051F 系列高速 SOC 单片机。

②非 80C51 结构单片机新品不断推出,给用户提供了更为广泛的选择空间。近年来推出的非 80C51 系列的主要产品有:

* Intel 的 MCS-96 系列 16 位单片机;

* Microchip 的 PIC 系列 RISC 单片机;

* TI 的 MSP430F 系列 16 位低功耗单片机。

2. MSC-51 单片机的基本结构

MSC-51 系列单片机把 CPU、RAM、ROM、定时器/计数器和多功能的 I/O 接口等功能集成在一块芯片上,所构成的微型计算机,MSC-51 单片机结构框图,如图 1.7 所示。

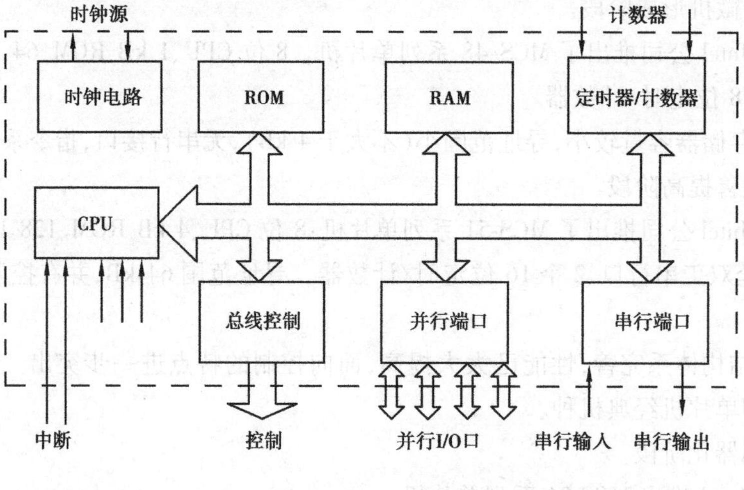


图 1.7 MSC-51 单片机结构框图

(1)CPU:中央处理器简称 CPU,它是单片机的核心部件,由运算器和控制器等部件组成,能够完成各种运算和控制操作。

(2)存储器:MSC-51 单片机,包括编程存储器 ROM 和数据存储器 RAM,他们的空间是相互独立的。

(3)定时器/计数器:MSC-51 单片机中,包含两个 16 位定时器/计数器,他们既作为定时器,用于定时、延时控制;也可作为计数器,用于对外部事件进行计数和检测等。

(4)并行 I/O 口:MSC-51 单片机共有 4 个 8 位 I/O 口(P0,P1,P2,P3),每一根 I/O 口线都可以独立地用作输入或输出。

(5)串行 I/O 口:MSC-51 单片机采用通用异步工作方式的全双工串行通信接口,可以同时发送和接收数据。

(6)中断控制:MSC-51 单片机具有完善的中断控制系统,用于满足实时控制的需要,共有 5 个中断源,两个中断优先级。

3. MSC-51 单片机的引脚及功能

各类型的 MSC-51 单片机的端子相互兼容,用 HMOS 工艺制造的单片机大多采用 40 端子双列直插式(DIP)封装,当然,不同芯片之间的端子功能会略有差异,用户在使用时应注意。

AT89S51 单片机是高档 8 位单片机,但是由于受到集成电路芯片引脚数目的限制,所以许多引脚具有第二功能,AT89S51 的引脚和实物图如图 1.8 所示。

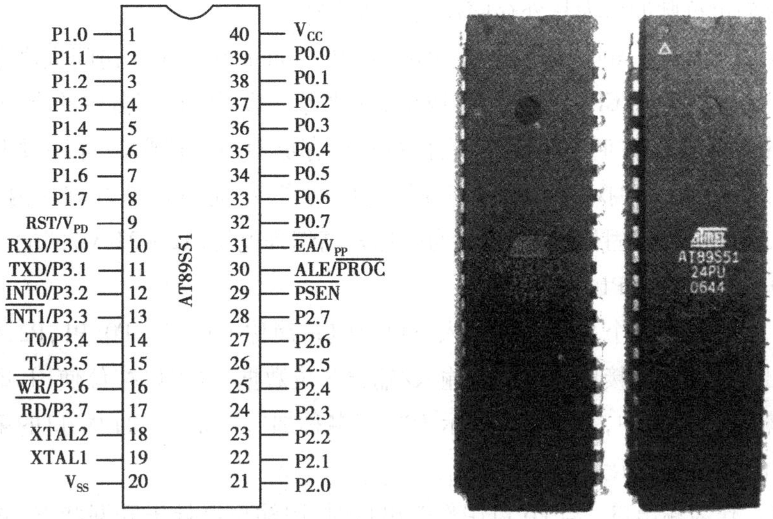


**图 1.8　AT89S51 的引脚和实物图**

AT89S51 的 40 个引脚大致可分为电源、时钟、I/O 口,控制总线几个部分,各引脚功能如下:

(1)电源引脚($V_{cc}$和 $V_{ss}$)。

$V_{cc}$:电源输入端。作为工作电源和编程校验。

$V_{ss}$:接公共地端。

(2)时钟振荡电路引脚(XTAL1 和 XTAL2)。

XTAL1、XTAL2:晶体振荡电路反相输入端和输出端。

XTAL1:接外部晶振和微调电容的一端,在单片机内部,它是构成片内振荡器的反向放大器的输入端。当采用外部振荡器时,该引脚接收振荡器的信号,即把此信号直接接到内部振荡器的输入端。

XTAL2:接外部晶振和微调电容的另一端,在单片机内部,它是构成片内振荡器的反向放大器的输出端。当采用外部振荡器时,此引脚应悬空。

(3)控制信号引脚(RST/$V_{PD}$, ALE/$\overline{PROG}$, $\overline{PSEN}$和 $\overline{EA}$/$V_{PP}$)。

①RST/$V_{PD}$:RST 是复位信号输入端,高电平有效。当此输入端保持两个机器周期的高电平时,就可以完成复位操作。RST 引脚的第二功能,是备用电源的输入端。当电源 $V_{cc}$一旦断电,或者电压降到一定值时,可以通过 $V_{PD}$为单片机内部 RAM 提供电源,以保护片内 RAM 中的信息不丢失,且上电后能够继续正常运行。

②ALE/$\overline{PROG}$:(Address Latch Enable/ Programming)ALE 为地址锁存信号,当单片机上

电正常工作后,ALE 引脚不断向外输出正弦脉冲信号,此频率为振荡器频率的 1/6。CPU 访问外部存储器时,ALE 作为锁存低 8 位地址的控制信号。此引脚的第二功能 PROG 作为 8751 编程脉冲输入端使用。

③$\overline{\text{PSEN}}$:(Program Store Enable)为外部程序存储器的读选通信号,在访问片外存储器时,此端定时输出负脉冲作为片外存储器的选通信号。

④$\overline{\text{EA}}/V_{PP}$:(Enable Address/Voltage Pulse of Programming)EA 为访问程序存储器的控制信号,当 EA 接高电平时,CPU 访问片内 ROM,并执行内部程序存储器中的指令,但当 PC(程序计数器)的值超过 4 kB 时,将自动转去执行片外存储器内的程序。当 EA 脚接低电平时,CPU 只访问片外 ROM,并执行外部程序存储器中的指令,而不管是否有片内程序存储器。$V_{PP}$是对 8751 片内 ROM 固化程序时,作为施加较高编程电压(12 ~21 V)的输入端。

(4)I/O 口引脚(P0,P1,P2,P3)。

MSC-51 单片机有 4 个 8 位并行输入/输出接口,简称 I/O 口。P0,P1,P2,P3 口共计 32 根输入/输出线。这 4 个接口可以并行输入/输出 8 位数据,也可以按位使用,即每一位均能独立输入或输出。使用中,每一个可表示为“口”名称加“.”加位。如 P0 口的第 0 位表示为 P0.0 ,P2 口的第 3 位表示为 P2.3 等。

①P0 口。作为输出口:当 P0 口用作输出口时,因输出级处于开漏状态,必须外接上拉电阻。

作为输入口:当 P0 口用作输入口时,必须先向该端口锁存器写入“1”。

地址/数据总线输出:P0 口用于低 8 位地址总线和数据总线(分时传送)。

②P1 口。用作通用 I/O 口,用作输入时,均须先写入“1”。

③P2 口。第一功能是作为 8 位双向 I/O 口使用,第二功能是在访问外部存储器时,输出高 8 位地址 A8—A15。

④P3 口。第一功能是作为 8 位双向 I/O 口使用,在系统中,8 个引脚又有各自的第二功能。

P3.0(RXD):串行口输入端。

P3.1(TXD):串行口输出端。

P3.2(INT0):外部中断 0 请求输入端。

P3.3(INT1):外部中断 1 请求输入端。

P3.4(T0):定时/计数器 0 外部信号输入端。

P3.5(T1):定时/计数器 1 外部信号输入端。

P3.6(WR):外 RAM 写选通信号输出端。

P3.7(RD):外 RAM 读选通信号输出端。

4.单片机的特点

(1)控制性能和可靠性高。

单片机的位操作能力,是其他计算机无法比拟的。另外,由于 CPU、存储器及 I/O 接口集成在同一芯片内，各部件间的连接紧凑，数据在传送时受干扰的影响较小，且不易受环境条件的影响，所以单片机的可靠性非常高。

近期推出的单片机产品，内部集成有高速 I/O 口、ADC、PWM、WDT 等部件，并在低电压、低功耗、串行扩展总线、控制网络总线和开发方式（如在系统编程 ISP）等方面都有了进一步的增强。

（2）体积小、价格低、易于产品化。

单片机芯片即是一台完整的微型计算机，对于批量大的专用场合，一方面可以在众多的单片机品种间进行匹配选择；同时还可以专门进行芯片设计，使芯片的功能与应用具有良好的对应关系；在单片机产品的引脚封装方面，有的单片机引脚已减少到 8 个或更少。从而使应用系统的印制板减小、接插件减少、安装简单方便。

5. 单片机的应用领域

（1）智能仪器仪表。

单片机用于各种仪器仪表，一方面提高了仪器仪表的使用功能和精度，使仪器仪表智能化，同时还简化了仪器仪表的硬件结构，从而可以方便地完成仪器仪表产品的升级换代。如各种智能电气测量仪表、智能传感器等。

（2）机电一体化产品。

机电一体化产品是集机械技术、微电子技术、自动化技术和计算机技术于一体，具有智能化特征的各种机电产品。单片机在机电一体化产品的开发中，可以发挥巨大的作用。典型产品如机器人、数控机床、自动包装机、点钞机、医疗设备、打印机、传真机、复印机等。

（3）实时工业控制。

单片机还可以用于各种物理量的采集与控制。电流、电压、温度、液位、流量等物理参数的采集和控制，均可以利用单片机方便地实现。在这类系统中，利用单片机作为系统控制器，可以根据被控对象的不同特征，采用不同的智能算法，实现期望的控制指标，从而提高生产效率和产品质量。典型应用如电机转速控制、温度控制、自动生产线等。

（4）分布式系统的前端模块。

在较复杂的工业系统中，经常要采用分布式测控系统完成大量的分布参数的采集。在这类系统中，采用单片机作为分布式系统的前端采集模块，系统具有运行可靠，数据采集方便灵活，成本低廉等一系列优点。

（5）家用电器。

家用电器是单片机的又一重要应用领域，前景十分广阔。如空调器、电冰箱、洗衣机、电饭煲、高档洗浴设备、高档玩具等。

另外，在交通领域中，汽车、火车、飞机、航天器等均有单片机的广泛应用。如汽车自动驾驶系统、航天测控系统、黑匣子等。

## 【知识拓展】

MSC-51 系列与 80C51 系列的概述

1. MCS-51 系列

(1)MCS-51 是 Intel 公司生产的一个单片机系列名称。属于这一系列的单片机有多种,如:

*8051/8751/8031;

*8052/8752/8032;

*80C51/87C51/80C31;

*80C52/87C52/80C32 等。

(2)该系列生产工艺有两种:一是 HMOS 工艺(高密度短沟道 MOS 工艺)。二是 CHMOS 工艺(互补金属氧化物的 HMOS 工艺)。

CHMOS 是 CMOS 和 HMOS 的结合,既保持了 HMOS 高速度和高密度的特点,还具有 CMOS 的低功耗的特点。在产品型号中凡带有字母"C"的即为 CHMOS 芯片,CHMOS 芯片的电平既与 TTL 电平兼容,又与 CMOS 电平兼容。

(3)在功能上,该系列单片机有基本型和增强型两大类。

基本型:

①8051/8751/8031。

②80C51/87C51/80C31。

增强型:

①8052/8752/8032。

②80C52/87C52/80C32。

(4)在片内程序存储器的配置上,该系列单片机有 3 种形式,即掩膜 ROM、EPROM 和 ROMLess(无片内程序存储器)。如:

①80C51 有 4 kB 的掩膜 ROM;

②87C51 有 4 kB 的 EPROM;

③80C31 在芯片内无程序存储器。

2. 80C51 系列

80C51 是 MCS-51 系列中 CHMOS 工艺的一个典型品种;其他厂商以 8051 为基核,开发出的 CMOS 工艺单片机产品,统称为 80C51 系列。当前常用的 80C51 系列单片机主要产品有:

①Intel 的:80C31、80C51、87C51,80C32、80C52、87C52 等;

②ATMEL 的:89C51、89C52、89C2051 等;

③Philips、华邦、Dallas、Siemens(Infineon)等公司的许多产品。

## 【任务评价】

表 1.1　任务评价表

| 任务检测 | | 分值/分 | 学生自评（40%） | 老师评估（60%） | 任务总评 |
|---|---|---|---|---|---|
| 任务知识内容 | 了解单片机的历史及发展 | 20 | | | |
| | 了解单片机的应用领域 | 20 | | | |
| | 能识别不同类型的单片机芯片 | 20 | | | |
| | 能查阅单片机型号和引脚功能 | 20 | | | |
| 现场管理 | 出勤情况 | 5 | | | |
| | 机房纪律 | 5 | | | |
| | 团队协作精神 | 5 | | | |
| | 保持机房卫生 | 5 | | | |

## 【思考与练习】

（1）查阅相关资料，列出几种单片机的型号。

（2）简述单片机的常用领域。

（3）单片机的特点有哪些？

# 任务二　安装并使用 Keil uVision 软件

## 【任务分析】

在任务一中，我们认识了单片机，掌握了单片机的引脚分布及其作用。而且也学会了简单控制原理图的连接和绘画。然而，仅仅这样是不够的。我们只是有了电路，但是还没有实现对电路的控制。要实现对电路的控制，编写控制程序是很重要的环节，通常我们使用 Keil C51 软件。下面就介绍一下 Keil uVision2。

## 【任务目的】

(1)会按要求安装软件。
(2)能快速进行软件启动。
(3)会正确使用编程软件。

## 【任务准备工作】

(1)器材准备:计算机一台(奔腾级以上的家用计算机即可)。
(2)工具准备:Keil C8.05 软件安装光盘一张。

## 【任务相关知识】

Keil uVision2 是德国 Keil Software 公司出品的 51 系列兼容单片机 C 语言软件开发系统,使用接近于传统 C 语言的语法来开发,与汇编语言相比,C 语言在功能性、结构性、可读性、可维护性上有明显的优势,因而易学易用,而且大大地提高了工作效率和项目开发周期。C 语言还能嵌入汇编语言,可以在关键的位置嵌入,使程序达到接近于汇编语言的工作效率。Keil C51 标准 C 编译器,为 8051 微控制器的软件开发提供了 C 语言环境,同时保留了汇编代码的高效性、快速性。C51 编译器的功能不断增强,使你可以更加贴近 CPU 本身,以及其他的衍生产品。C51 已被完全集成到 uVision2 的集成开发环境中,这个集成开发环境包含编译器、汇编器、实时操作系统、项目管理器、调试器。uVision2 IDE 可为它们提供单一而灵活的开发环境。

Keil C51 软件提供丰富的库函数和功能强大的集成开发调试工具,全 Windows 界面,使用户很快就能学会使用 Keil C51 来开发单片机的应用程序。

另外重要的一点,只要看一下编译后生成的汇编代码,就能体会到 Keil C51 生成的目标代码效率非常之高,多数语句生成的汇编代码很紧凑,容易理解。在开发大型软件时,更能体现高级语言的优势。

## 【任务实施】

1. 软件安装

软件安装如图 1.9—图 1.17 所示。

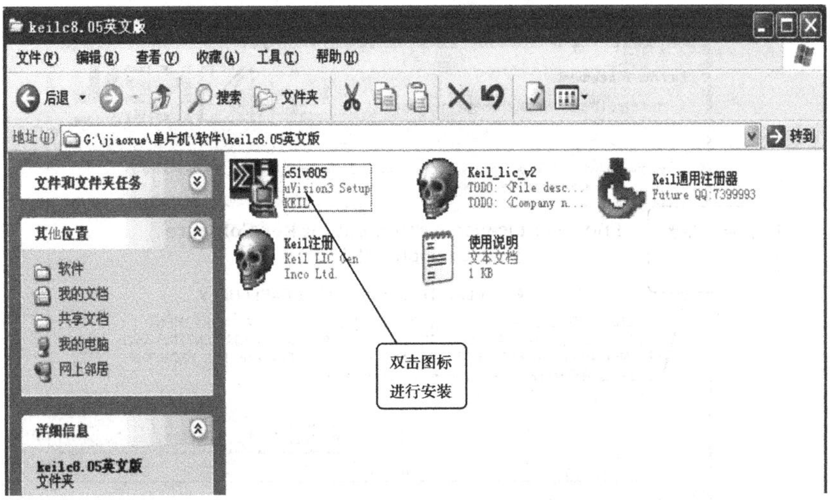


图 1.9　启动安装桌面

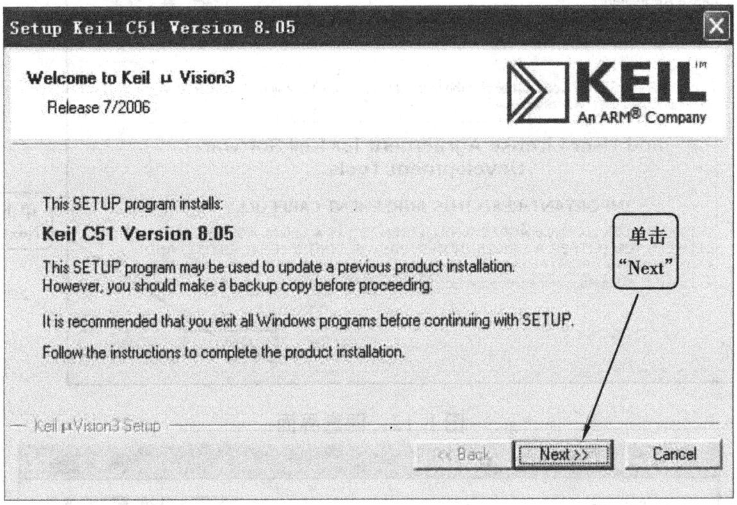


图 1.10　进入安装界面

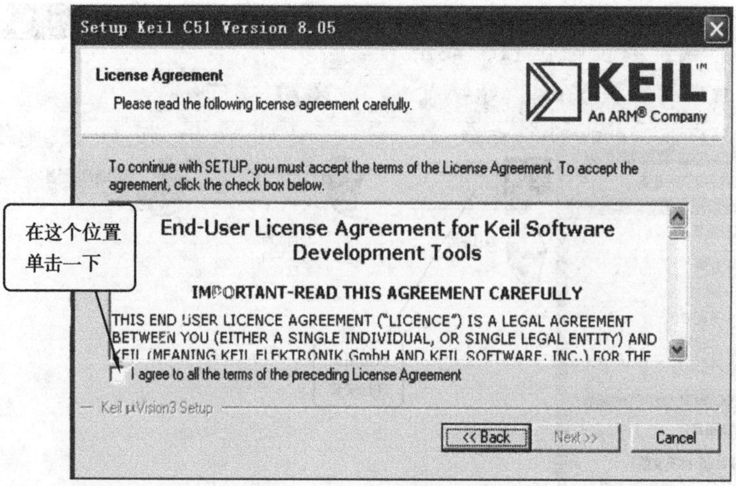


图 1.11　许可证选择界面

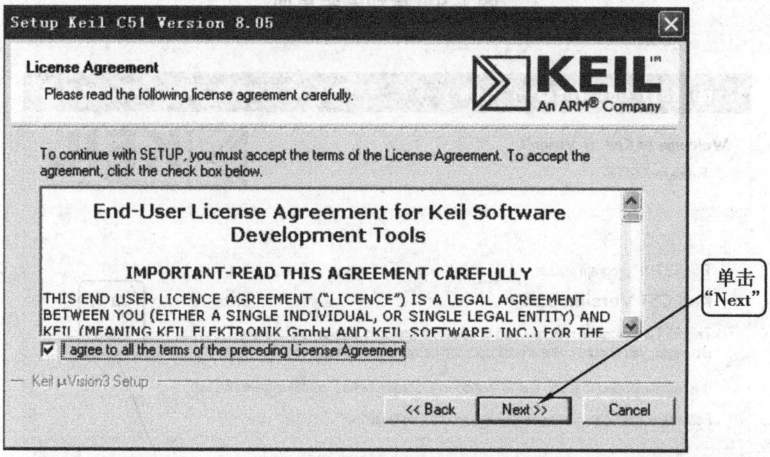


图 1.12　同意界面

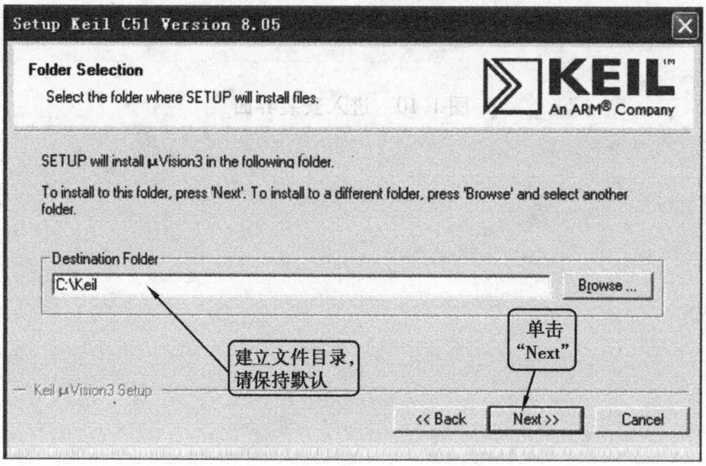


图 1.13　目录选择界面

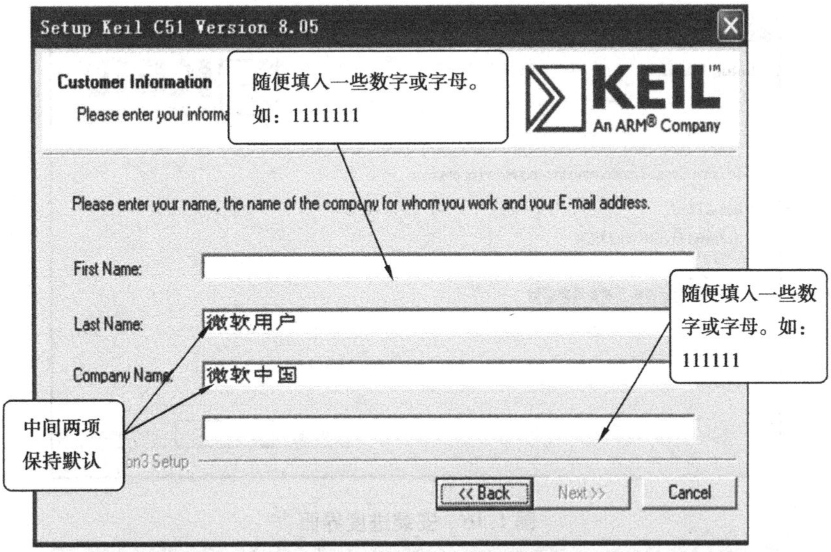


图 1.14　用户资料填写界面

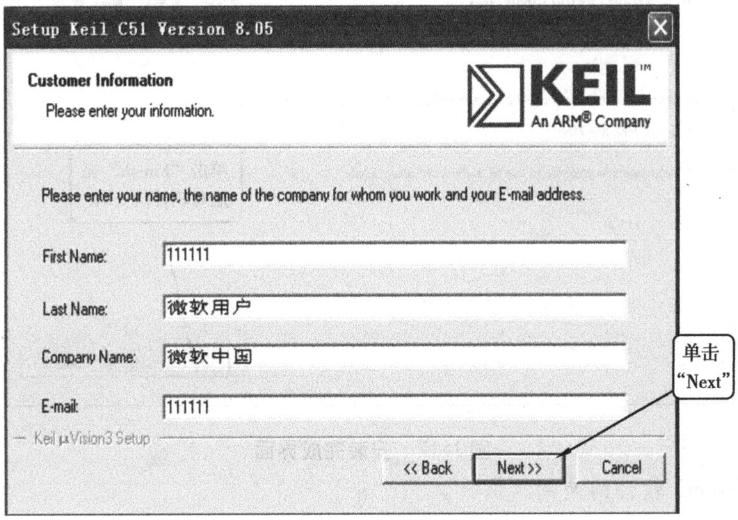


图 1.15　用户填写完成界面

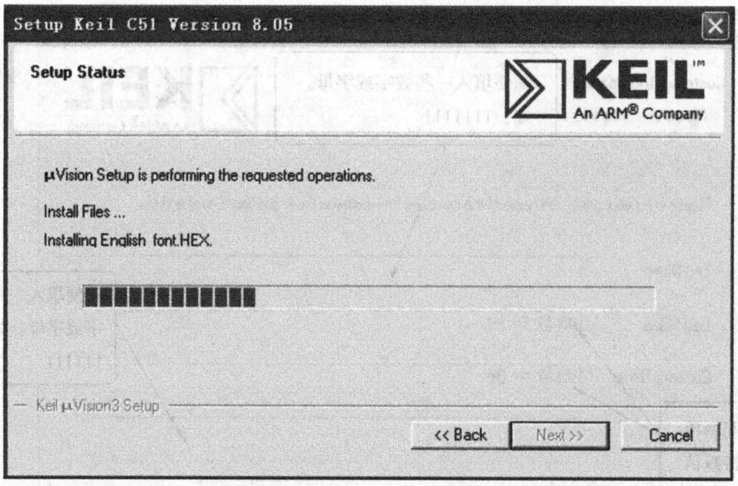


图 1.16　安装进度界面

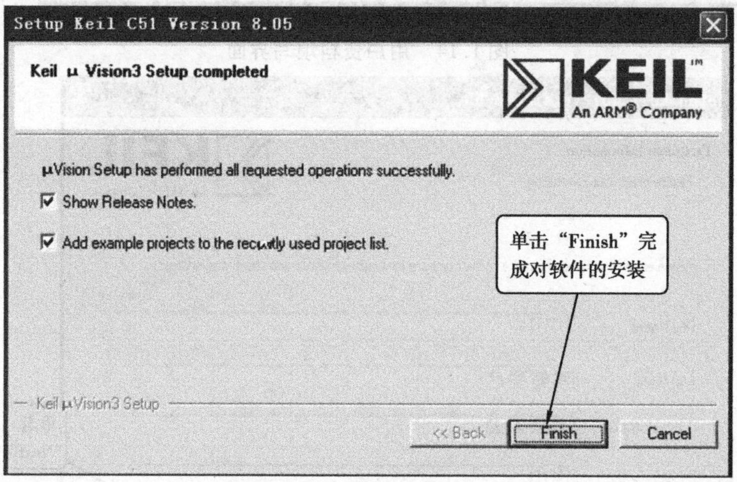


图 1.17　安装完成界面

2. Keil uVision2 软件的使用

(1)进入主界面。

单击桌面快捷图标,可以直接进入主界面,如图 1.18 所示。

(2)新建一个工程项目,并命名为 Test。

单击 Keil uVision2 主界面的"工程"菜单,选择"新建工程"即可进入新建工程界面,如图 1.19 所示。

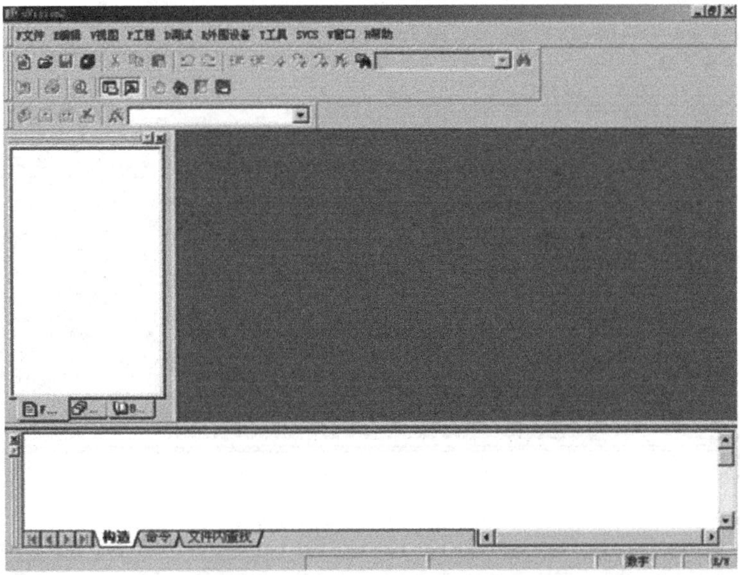

图 1.18　Keil uVision2 主界面

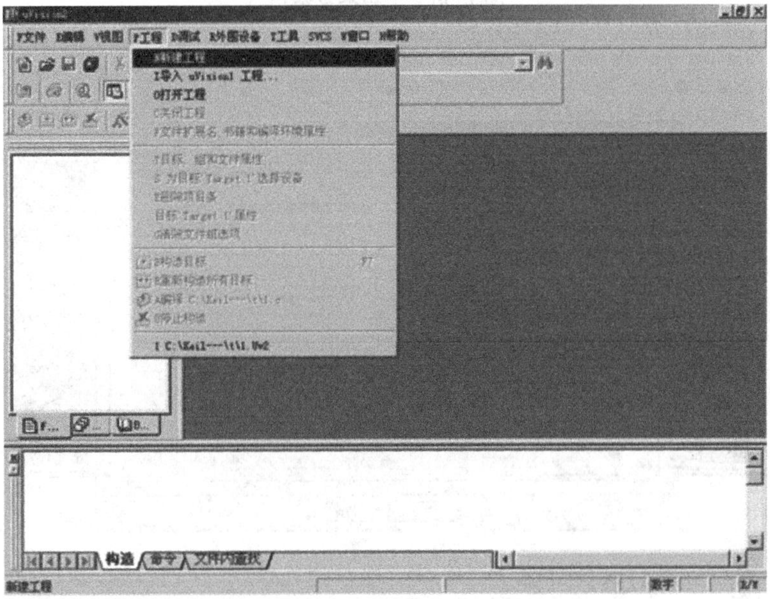

图 1.19　新建工程界面

新建的工程要起个与工程项目意义一致的名字，可以是中文名；这里的程序是实验测试程序，所以起的名字为 Test，并将 Test 工程"保存"到 C:\Keil 下，如图 1.20 所示。

Keil 环境要求为 Test 工程选择一个单片机型号；这里选择 Atmel 公司的 89C51（虽然我们使用的是 89S51，但由于 89S51 与 89C51 内、外部结构完全一样，所以这里依然选择"89C51"）。单击"确定"按钮后工程项目就算建立了，如图 1.21 所示。

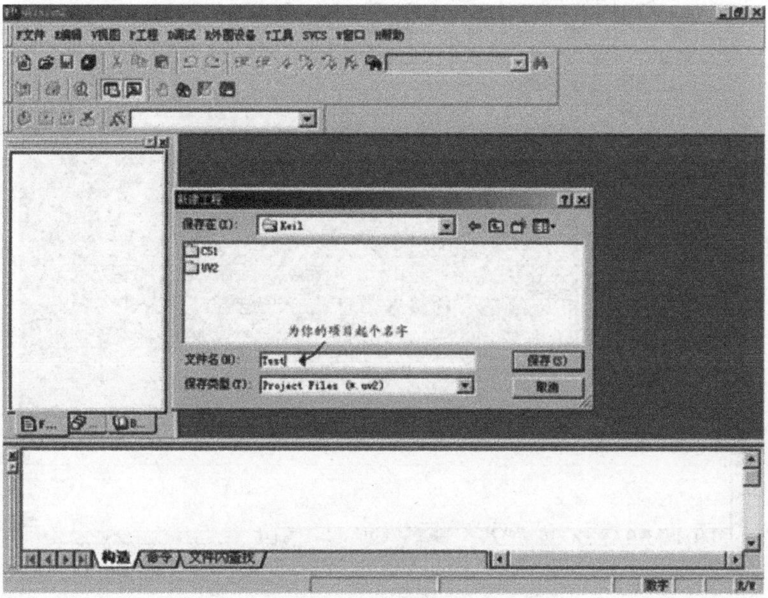


图 1.20　工程命名窗口

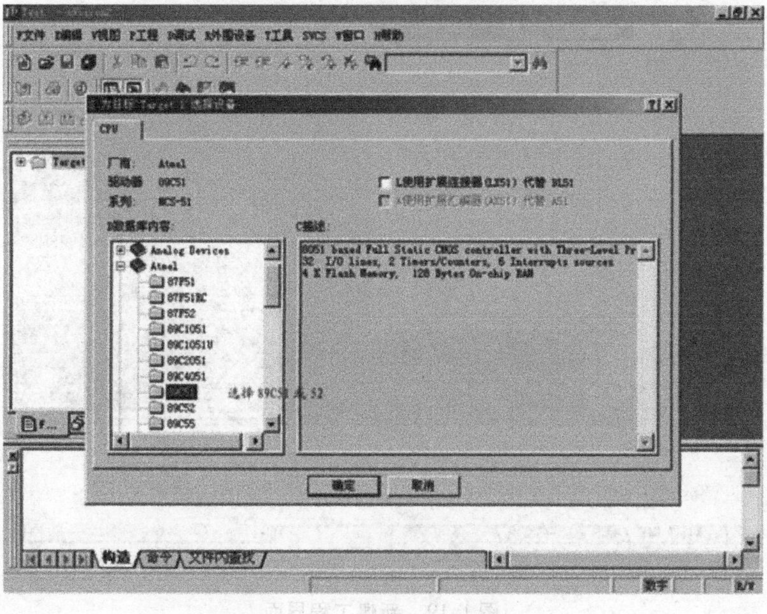


图 1.21　单片机型号选择窗口

(3)源程序编写与保存。

单击“文件”中的“新建”,新建一个空白文档;这个空白文档就是编写单片机源程序的场所。在这里你可以进行编辑、修改等操作,如图 1.22 所示。

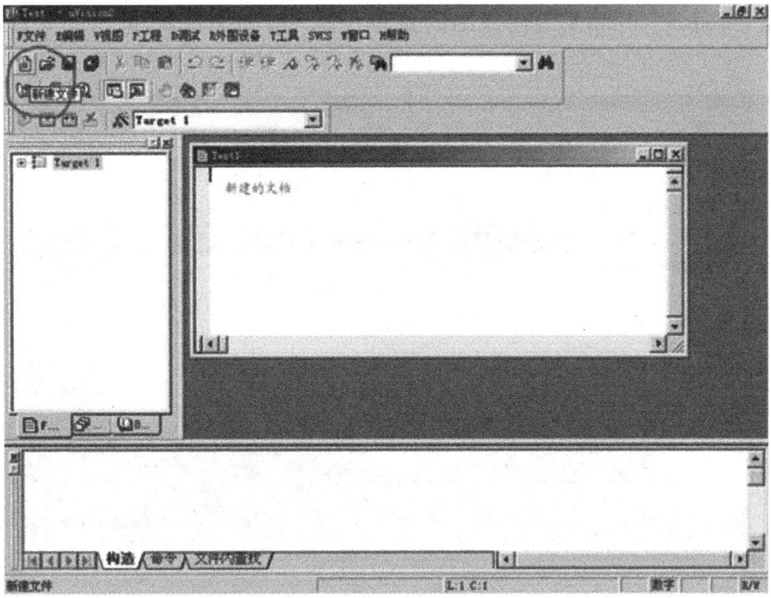


**图 1.22　源程序编写窗口**

保存文件时，其文件名最好与前面建立的工程名相同(当然，这里为 Test)，其扩展名必须为 .Asm！"文件名"一定要写全，如：Test. Asm，如图 1.23 所示。

注：如果是 C 语言，扩展名为 .c。

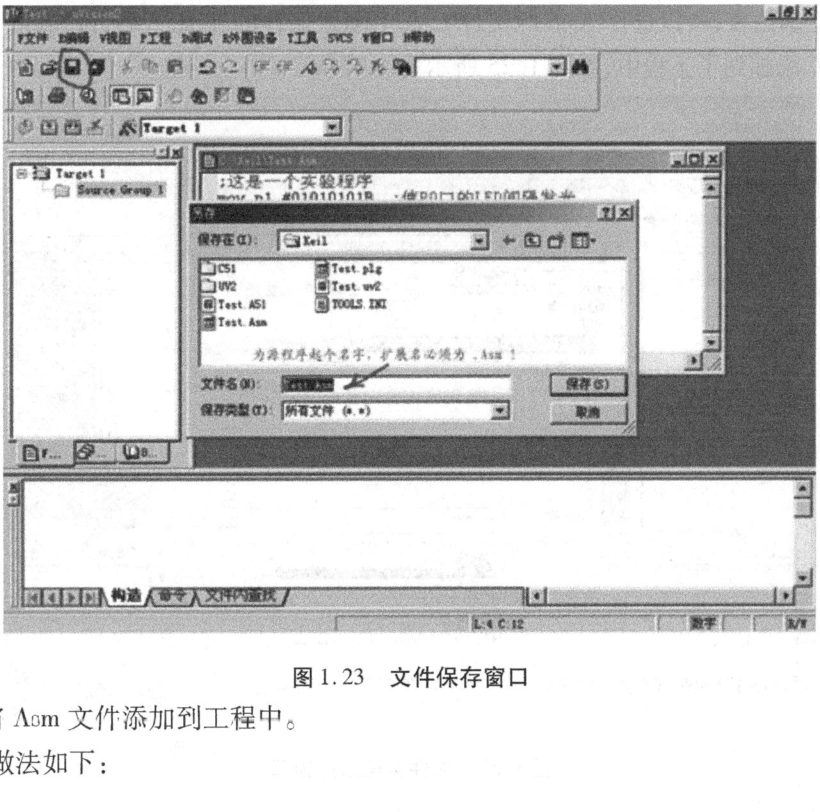


**图 1.23　文件保存窗口**

(4)将 Asm 文件添加到工程中。

具体做法如下：

鼠标右击“Source Group 1”,在弹出的菜单中选“增加文件到组 Source Group 1”,如图1.24 所示。

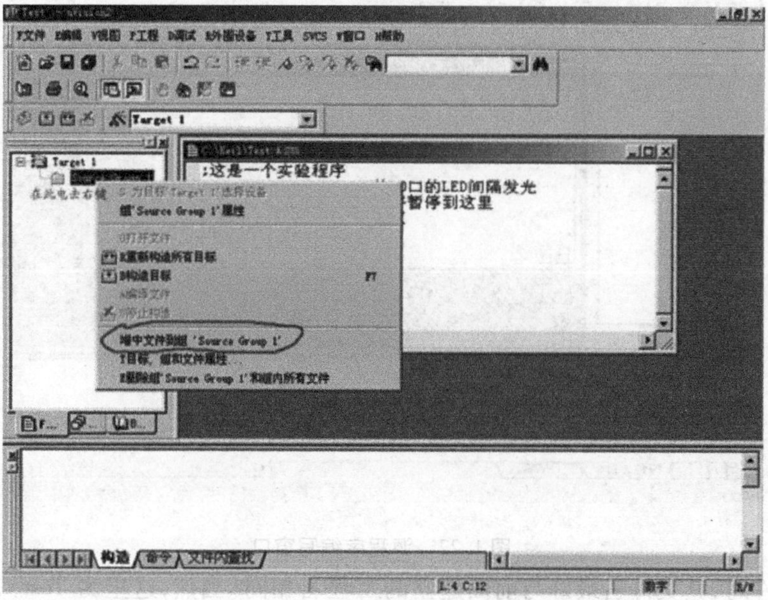


图 1.24　工程中添加文件窗口

在接下来出现的窗口中,选择“文件类型”为“Asm 源文件( * . a * , * . src)”(由于我们使用的是汇编语言,所以选择 Asm 源文件),选中刚才保存的 Test. Asm,按“Add”,再按“关闭”,文件就添加到了工程中,如图 1.25 所示。

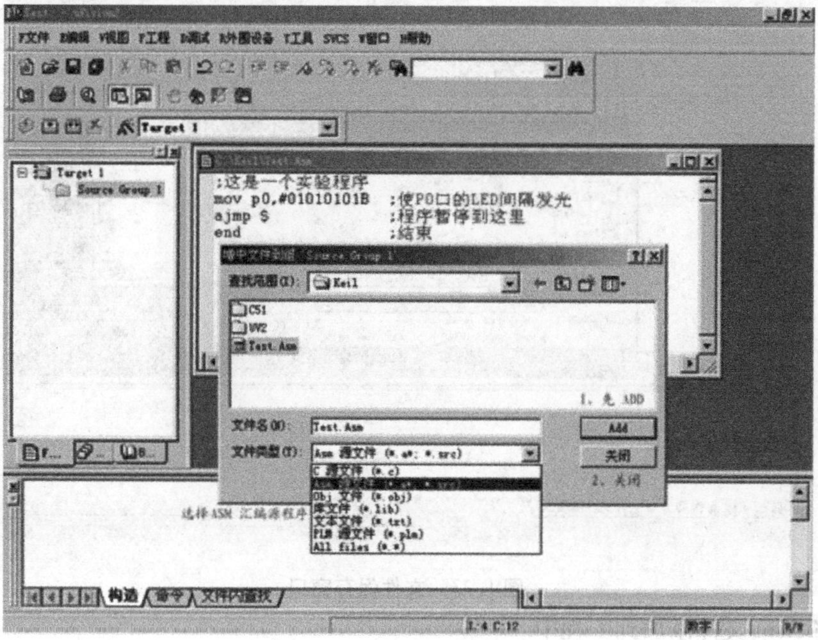


图 1.25　文件类型选择窗口

(5)设置目标属性。

向工程添加了源文件后,鼠标右击“TarGet 1”,在弹出的菜单中选“目标 Target 1 属性”,如图 1.26 所示。

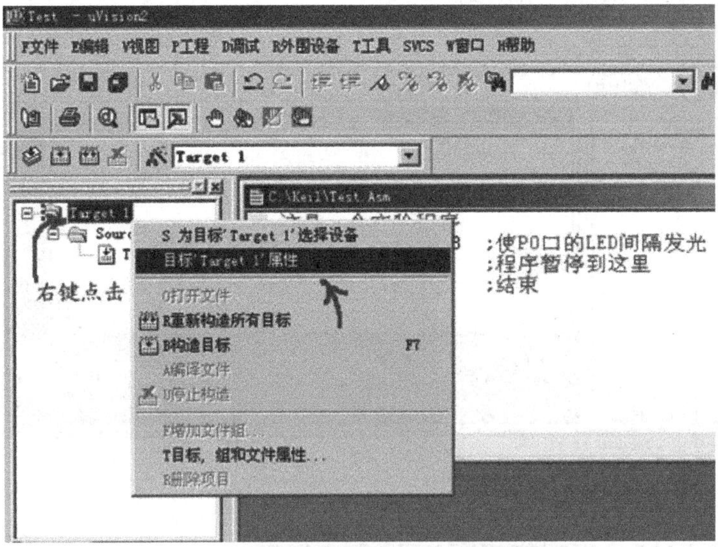


图 1.26　目标属性设置窗口

然后在打开的对话框中,选择“输出”选项卡,在这个选项卡中,“E 生成 hex 文件”选项前要打钩,按“确定”退出,完成目标属性的设置,如图 1.27 所示。

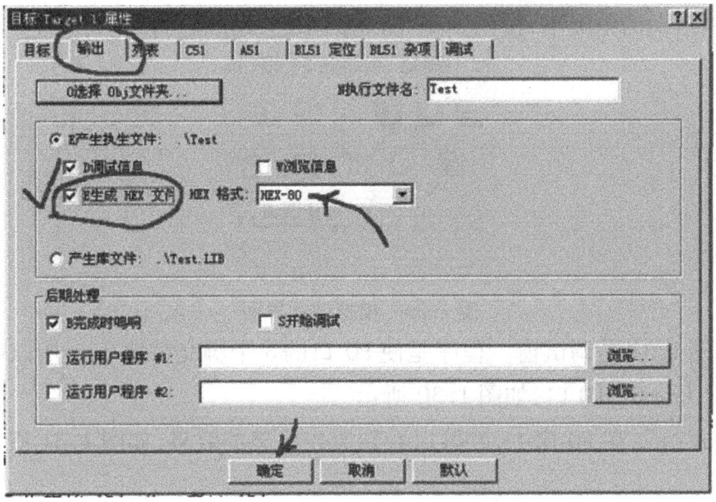


图 1.27　输出选项卡设置窗口

(6)工程项目的运行。

从菜单的“工程”中,执行“R 重新构造所有目标”,或者按图 1.28 所示圈中的按钮,汇编、连接、创建 hex 文件,一气呵成;在工程文件的目录下就会生成与工程名相同的一些文件,其中大部分文件我们不必关心,而生成的 hex 文件才是所需要的文件。它是要烧写到单片机中的最终代码,也就是单片机可以执行的程序。

注意:若在下面的状态窗中有错误提示,就需要再次编辑、修改源程序(如语法、字符有错等)、保存、将文件添加到工程中、设置目标属性,重新运行工程项目,直至无错误。

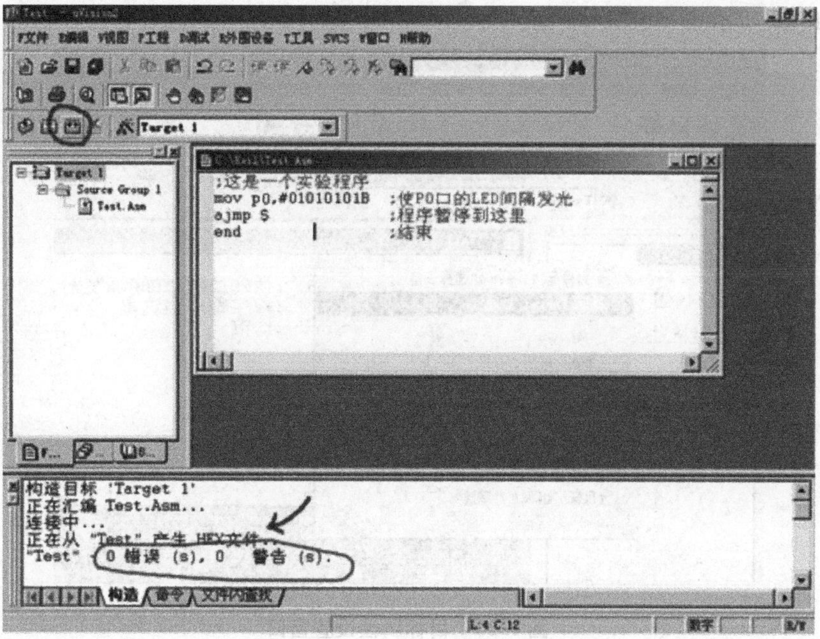

图 1.28 工程项目运行窗口

(7)模拟调试。

在没有语法错误的情况下,按图 1.29 所示圈中的按钮就可以进行。

图 1.29 模拟调试界面

图 1.30 与图 1.31 是调试窗。程序是使 P0 口的 8 个脚交替输 0、1,所以要从菜单的"外围设备"中打开"Prot 0" P0 口,如图 1.30 所示。

单击"单步运行",在 P0 窗中,就可以看到原先设想的效果,如图 1.31 所示。

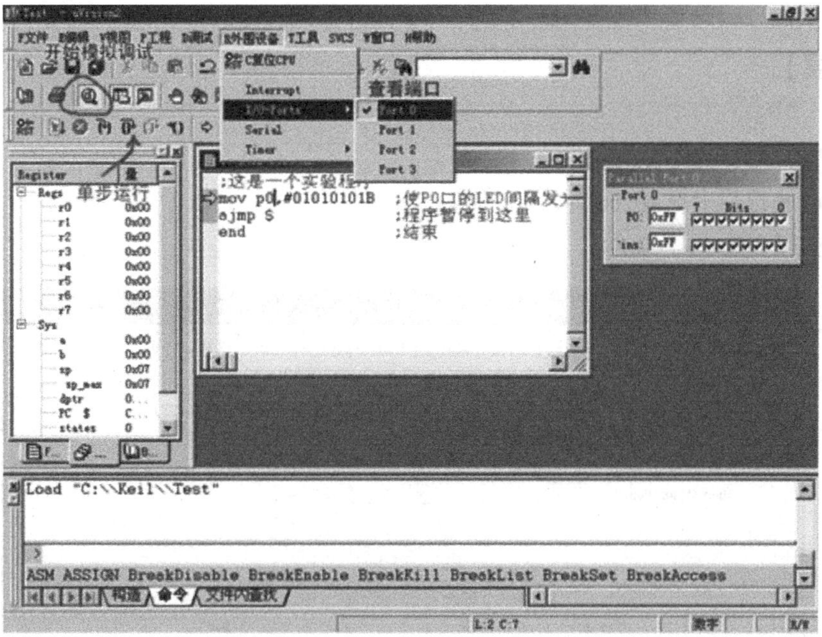


图 1.30　调试窗口

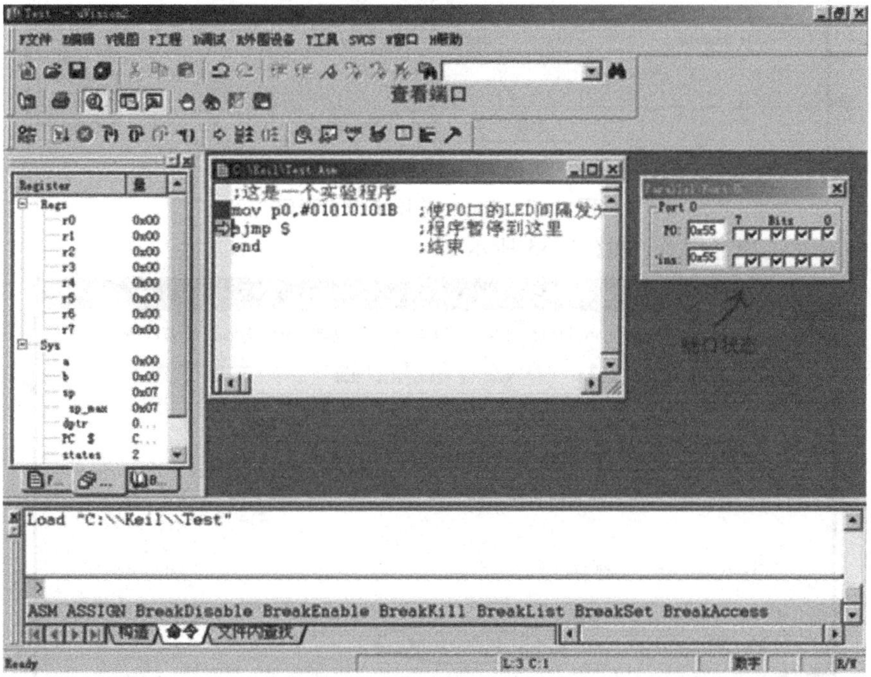


图 1.31　单步运行窗口

## 【知识拓展】

系统仿真软件的设置

(1)Target 选项卡设置,如图 1.32 所示。

晶振选 12 MHz。

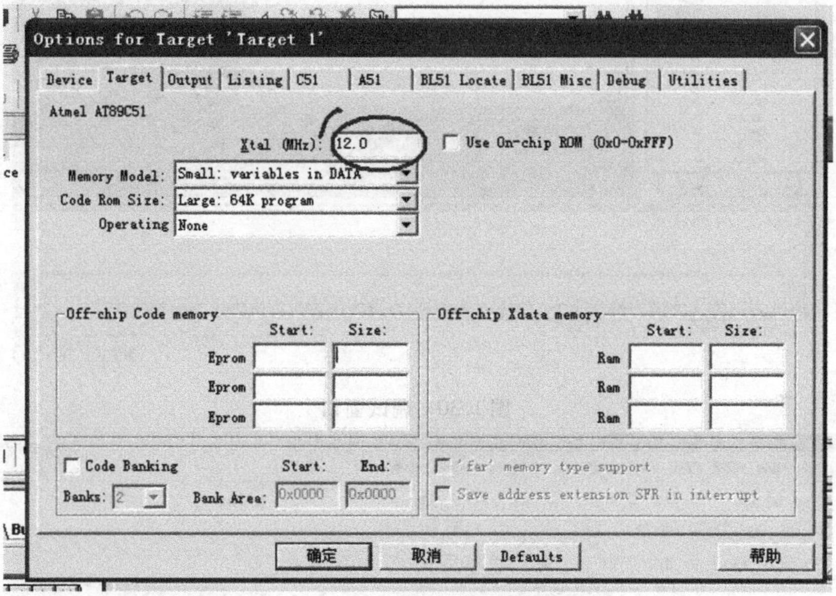


图 1.32 Target 选项卡设置窗口

(2)Output 选项卡设置,如图 1.33 所示。

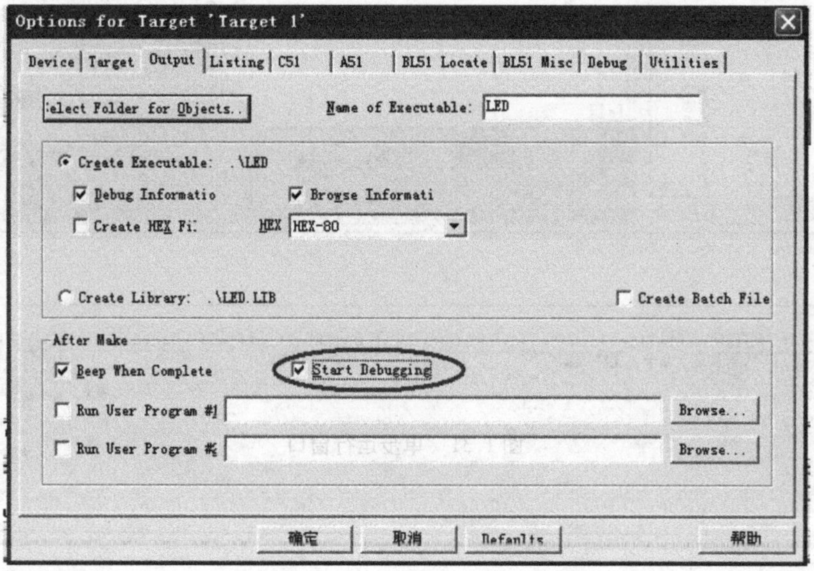


图 1.33 Output 选项卡设置窗口

(3) Debug 选项卡设置，如图 1.34 和图 1.35 所示。

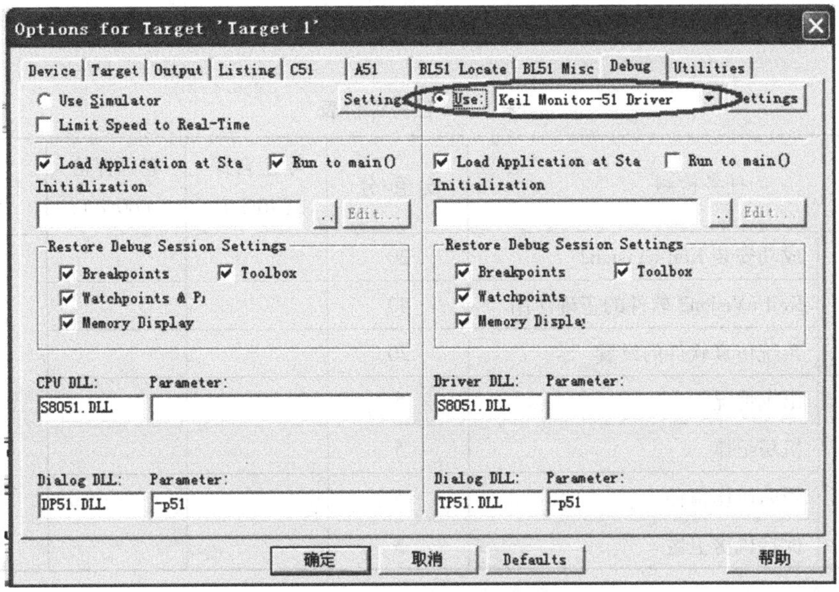


图 1.34　Debug 选项卡设置（Ⅰ）

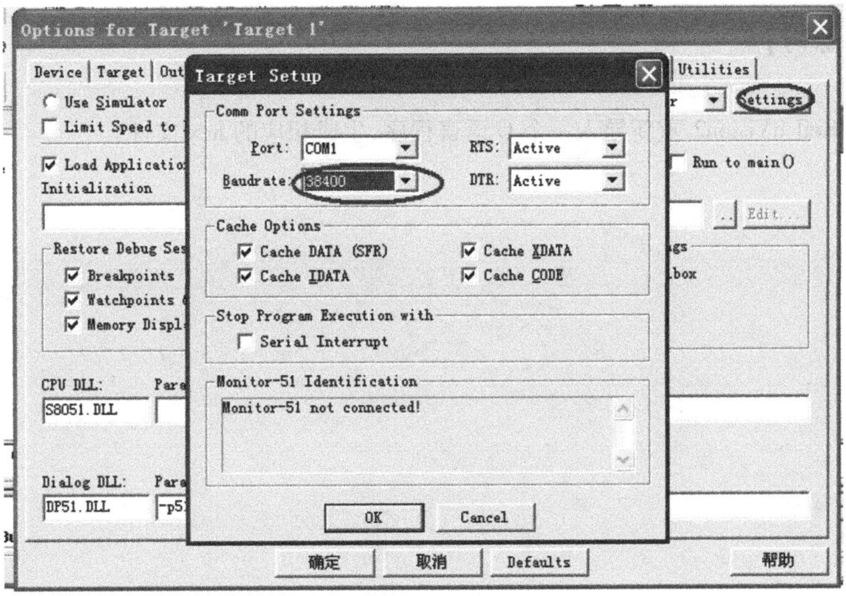


图 1.35　Debug 选项卡设置（Ⅱ）

(4) 波特率选 38400，如图 1.35 所示。

## 【任务评价】

表 1.2　任务评价表

| 任务检测 | | 分值/分 | 学生自评（40%） | 老师评估（60%） | 任务总评 |
|---|---|---|---|---|---|
| 任务知识内容 | 成功安装 Keil uVision2 | 20 | | | |
| | Keil uVision2 软件的正确使用 | 40 | | | |
| | 系统仿真软件的设置 | 20 | | | |
| 现场管理 | 出勤情况 | 5 | | | |
| | 机房纪律 | 5 | | | |
| | 团队协作精神 | 5 | | | |
| | 保持机房卫生 | 5 | | | |

## 【思考与练习】

通过 Keil uVision2 重新导入一个 C 语言程序，生成相应的 hex 文件。

**项目二**

# 灯光控制

在日常生活中,我们常用到单片机相关知识,比如平时看到的霓虹灯,手机跑马灯,等等,都是单片机的实例应用,如图 2.1 所示。

霓虹灯

手机灯

实验板灯光图

图 2.1　单片机实例应用

通过项目一的学习,已经掌握了单片机的知识,本项目主要学习如何利用单片机进行灯光控制。

## ●知识目标

(1)能掌握 1 个 LED 灯的亮灭。

(2)能掌握 8 个 LED 灯的亮灭。

**●技能目标**

(1)会编程控制 P1.1 口灯的亮灭。

(2)会编程控制 P1 口灯的亮灭。

(3)会编程控制 P1 口灯的流水操作。

**●情感目标**

(1)能提高学生的独立操作和独立思考的能力。

(2)能培养学生合作处理问题的能力。

## 任务一　控制 1 个 LED 灯亮灭

### 【任务分析】

传统控制一盏灯亮灭的电路,通常采用开关控制。而在当前市场上,对 LED 灯的需求越来越大,传统电路会显得很复杂,所以我们常利用单片机系统进行控制,利用单片机最小系统,控制一盏 LED 灯的效果图,如图 2.2 所示。

图 2.2　一盏灯亮效果图

## 【任务目的】

(1)能根据电路图制作出点亮一盏灯的实体图。
(2)能运用 Keil 编程软件实现点亮一盏灯的效果。
(3)能运用单片机系统,达到点亮一盏灯的效果。
(4)培养学生的动手操作能力和独立思考的能力。

## 【任务准备工作】

(1)器材准备:51 单片机实验学习箱 1 个,8P 杜邦线 2 根。
(2)工具准备:控制一盏灯亮灭原理图 1 张、A4 纸 1 张、作图工具 1 套、笔 1 支。

## 【知识相关】

While 语句是计算机中的一种基本循环模式,当满足条件时进入循环,不满足跳出。一般表达式为:

```
While (表达式)
{
循环体(内部也可为空)
}
```

控制一盏灯亮灭的操作流程图,如图 2.3 所示。

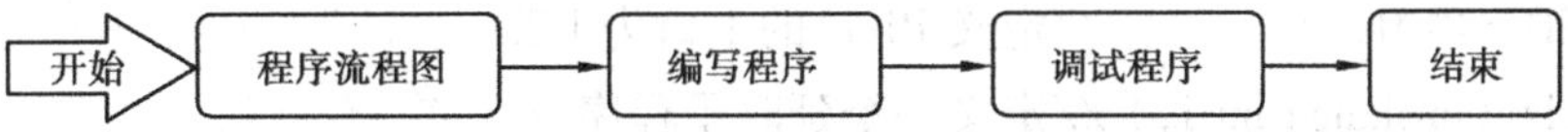


图 2.3　控制一盏灯亮灭的操作流程图

作业流程图,如图 2.4 所示。

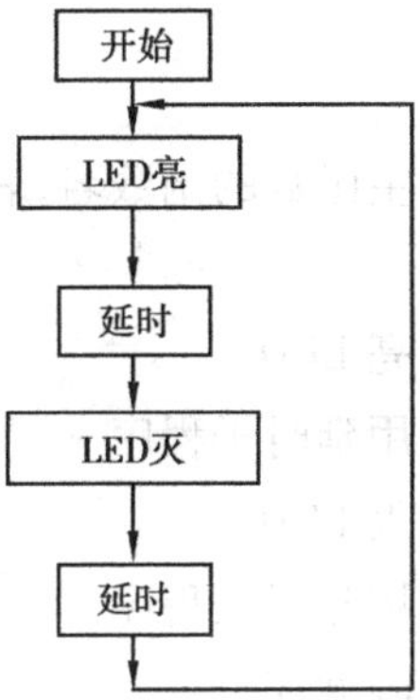


图 2.4　控制一盏灯亮灭的作业流程图

## 【任务实施】

1. 识读原理图

如图 2.5 所示为控制一盏灯原理图。

2. 接连电路

根据原理图连接电路,如图 2.6 所示。

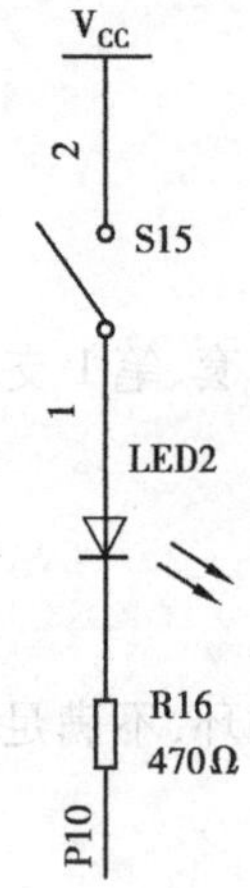


图 2.5 控制一盏灯原理图

图 2.6 控制一盏灯亮灭连线图

3. 编写程序控制

本任务的源程序如下所示。

```
#include < reg51. h >          //头文件
sbit LED = P1^0;               //定义 P1 口的 1 口为 LED
void delay( unsigned int i; )  //定义一个延时子程序
{
while( i - - );                //当 i 减到 0 时,跳出 delay( ),执行下一句
}
延时程序
Void    main( )                //是主函数的函数名,表示这是一个主函数
{
LED =0;                        //点亮 LED
delay( 12500) ;                //调用延时子程序
LED =1;                        //熄灭 LED
delay( 12500) ;                //调用延时子程序
while(1) ;                     //无限循环
}
```

注:每一个 C 源程序都必须有且只能有一个主函数。

4. 程序的编译

(1)打开 Keil 软件,新建一个项目并将所建项目保存到 F 盘 C51 目录下,命名为 C51,具体操作如图 2.7 至图 2.10 所示。

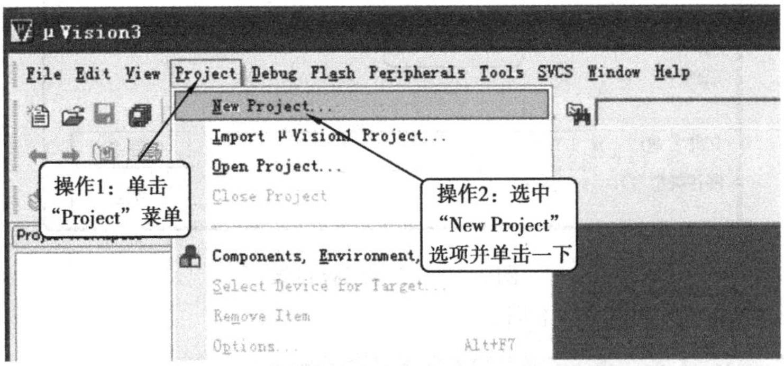


图 2.7 新建一个工程

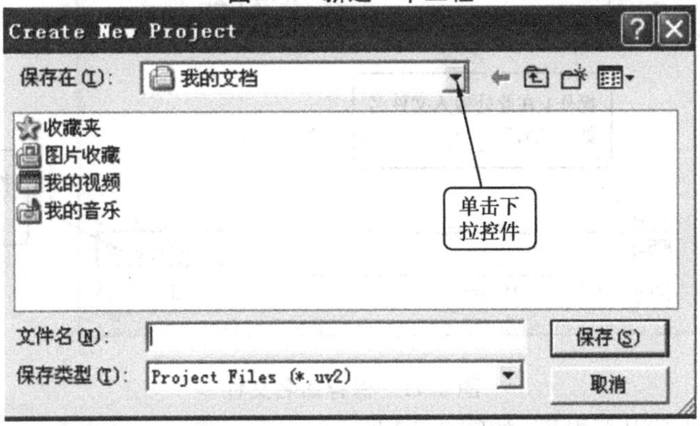


图 2.8 工程保存操作

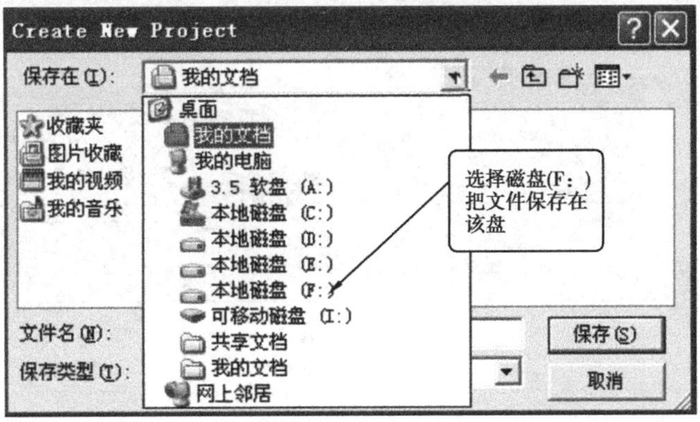


图 2.9 选择工程保存路径

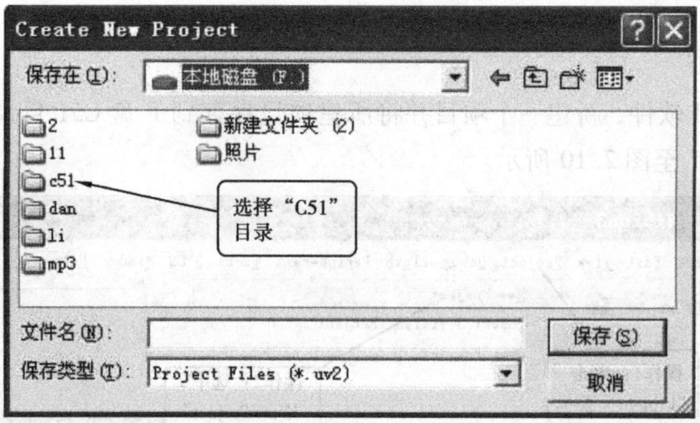


图 2.10　工程保存目录

将工程命名为 C51,如图 2.11 所示。

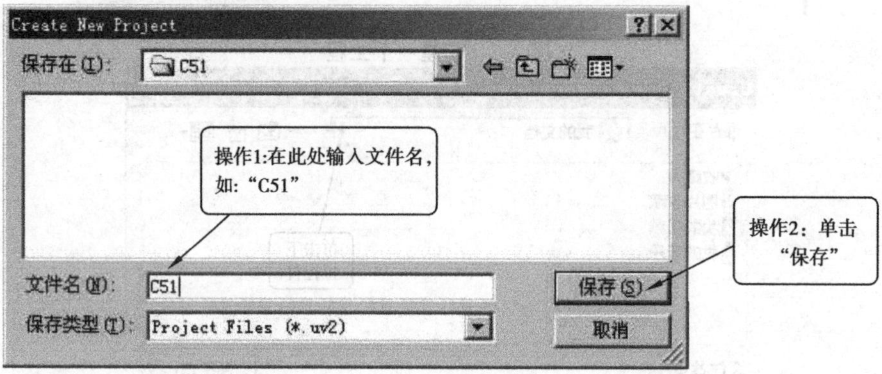


图 2.11　保存命名文件

文件保存后,显示以下界面,如图 2.12 所示。

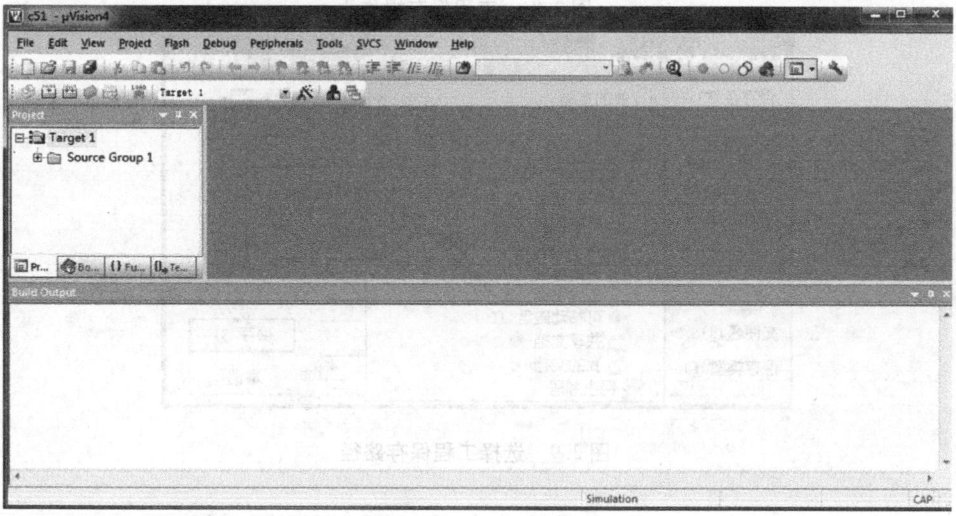


图 2.12　工程建成界面

(2)新建一个文件,保存至项目中,且命名为"text1.c",如图 2.13—图 2.15 所示。

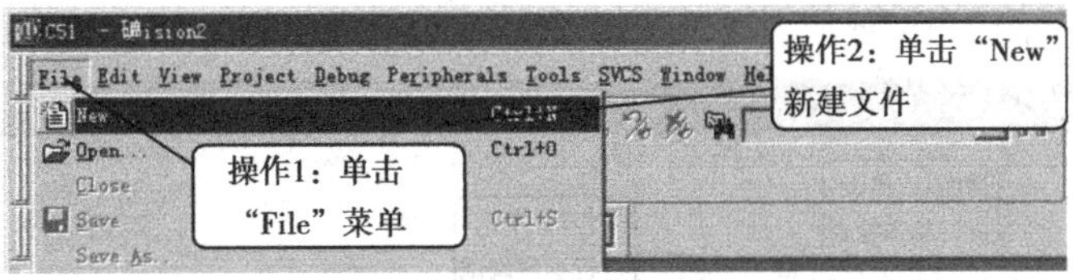


图 2.13　新建一个文本文件

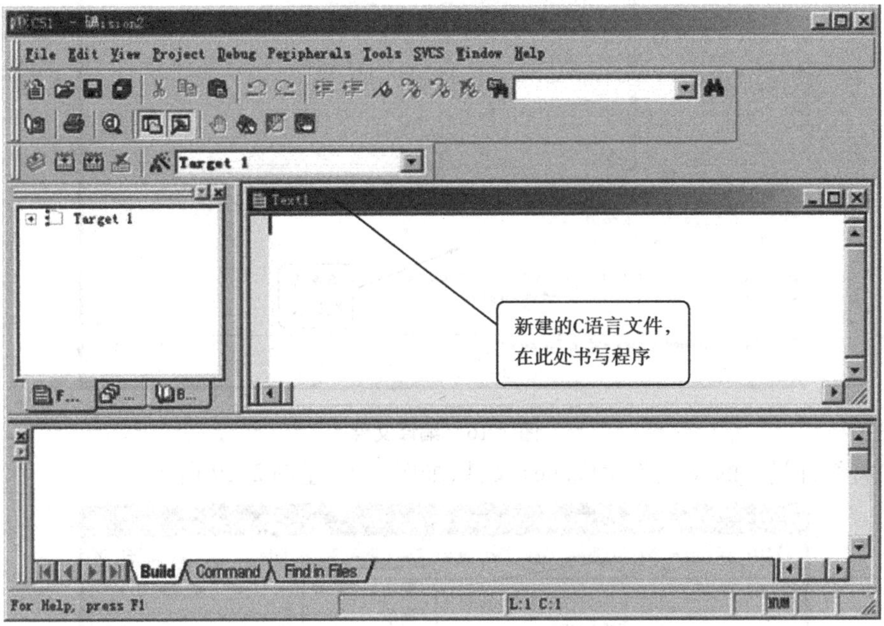


图 2.14　新建的 C 语言文件

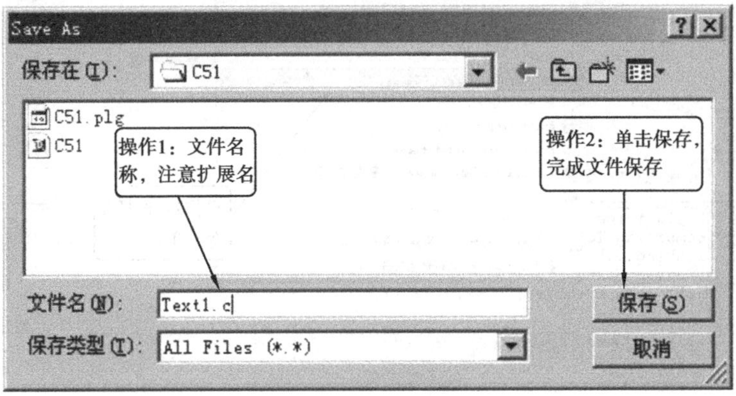


图 2.15　新文件命名

(3)输入程序,并进行编译检查,注意检查情况显示,“"c51" - 0 Error(s), 0 Warning(s). ”表示编译无错误,如图 2.16 所示。

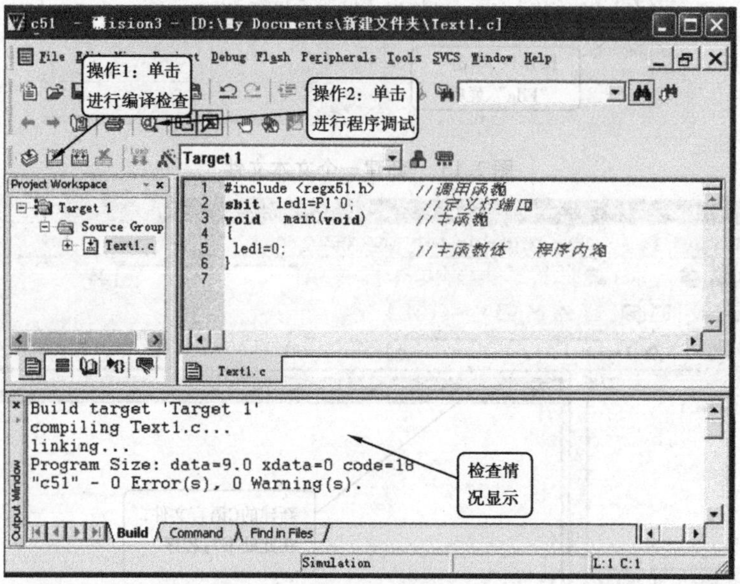


图 2.16　编译文件

(4)将编译过后的.c 文件生成.hex 文件,如图 2.17 至图 2.19 所示。

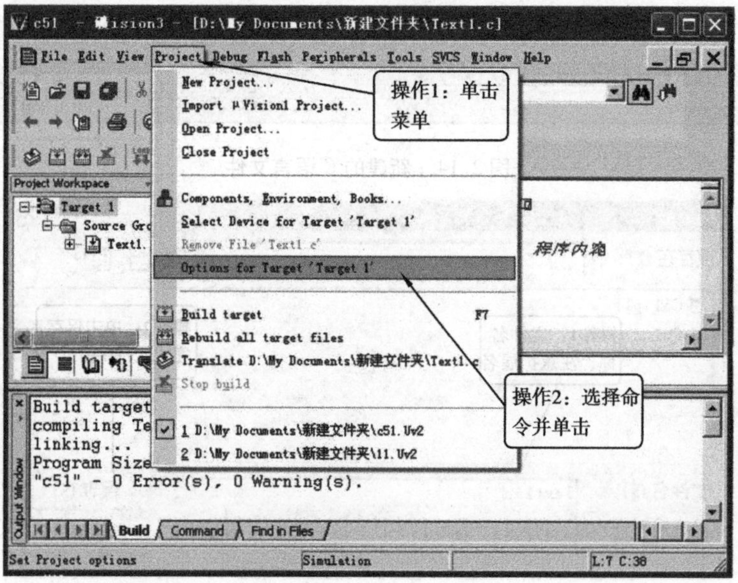


图 2.17　生成.hex 文件

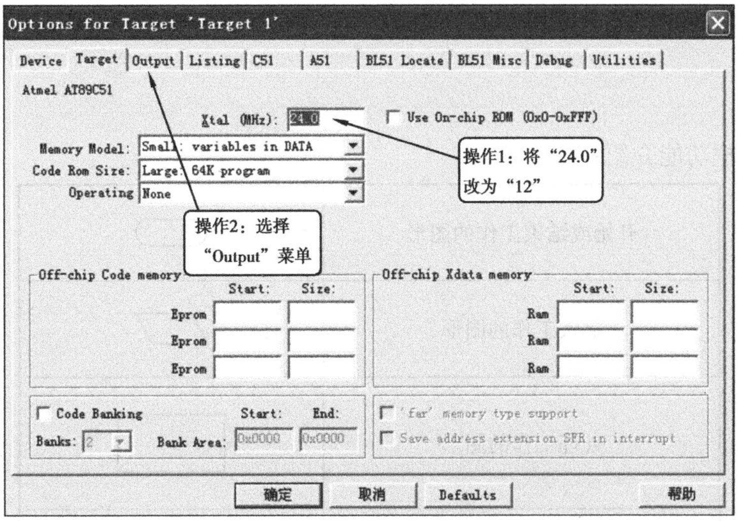


图 2.18　修改晶振频率

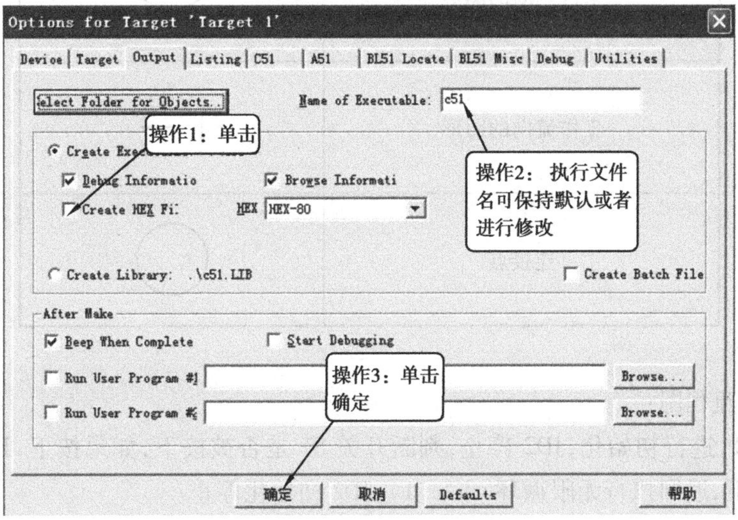


图 2.19　生成.hex 文件

5. 程序调试

调试下载程序，观看效果，如图 2.20 所示。

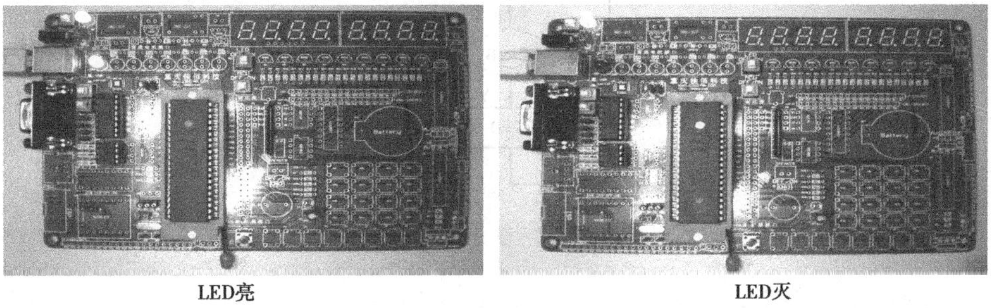


图 2.20　一盏灯亮灭的效果图

## 【知识拓展】

流程图方框功能介绍：

| | |
|---|---|
| 开始或结束工作的图形 |  |
| 输入工作的图形 |  |
| 处理工作的图形 | 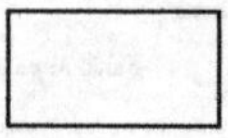 |
| 条件判断的图形 |  |
| 工作流向的图形 | 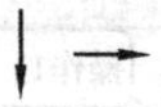 |
| 连接点 | 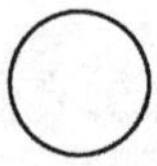 |

观察下面流程图：

当 JD2 =1，进行初始化，JD2 停止，判断开关 S7 是否被按下，如果按下，JD2 就启动，如果 S7 未被按下，返回执行无限循环 while(1)，JD2 初始化停止。

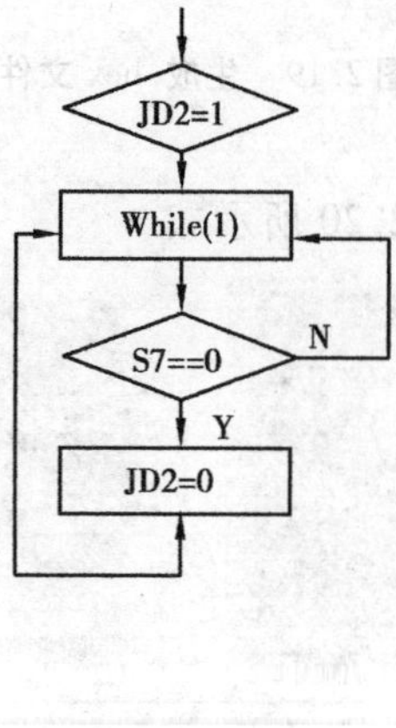

## 【任务评价】

表 2.1　任务评价表

| 任务检测 | | 分值/分 | 学生自评（40%） | 老师评估（60%） | 任务总评 |
|---|---|---|---|---|---|
| 任务知识内容 | 能掌握一盏灯亮灭的工作原理 | 15 | | | |
| | 能画出控制一盏灯亮灭的原理图 | 15 | | | |
| | 能操作 Keil 软件并生成 hex 文件 | 10 | | | |
| | 能按照原理图安装电路 | 20 | | | |
| | 能编写控制一盏灯亮灭的程序 | 20 | | | |
| 现场管理 | 出勤情况 | 5 | | | |
| | 机房纪律 | 5 | | | |
| | 团队协作精神 | 5 | | | |
| | 保持机房卫生 | 5 | | | |

## 【思考与练习】

（1）画出控制一盏灯的亮灭电路图。

（2）编写控制一盏灯亮灭的程序，并生成 hex 文件。

# 任务二　控制 8 个 LED 灯亮灭

在电子应用领域，仅仅控制一盏灯的亮灭是不够的，80S51 单片机有 4 个 I/O 口，每个 I/O口有 8 位输入输出端，要怎么样控制 8 盏灯同时亮灭呢？这将是本任务讨论的主要内容。如图 2.21 所示为电路原理图。

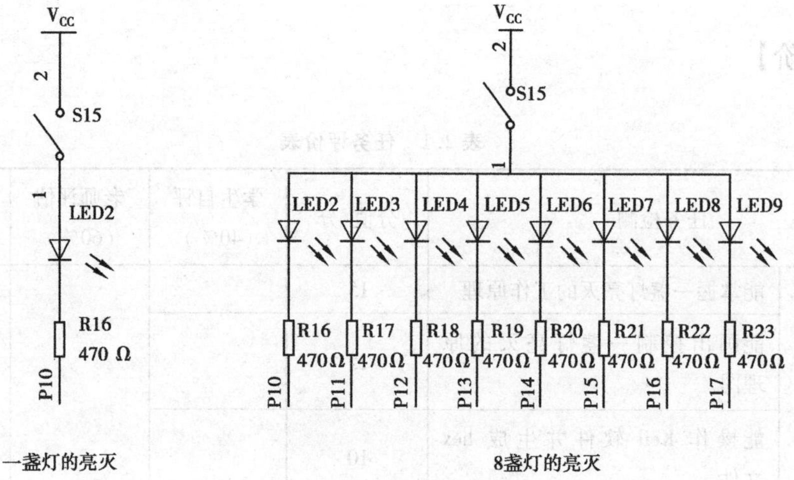


图 2.21 电路原理图

## 【任务目的】

(1)能根据电路图进行连线。

(2)能运用单片机系统达到点亮 8 盏灯的效果。

(3)培养学生的动手操作能力和独立思考能力。

## 【任务准备工作】

(1)器材准备:51 单片机实验学习箱 1 个,8P 杜邦线两根。

(2)工具准备:万用表一只、控制 8 盏灯亮灭原理图一张、A4 纸一张、作图工具一套、笔一支。

## 【任务相关知识】

1. 什么是二进制

二进制是计算技术中广泛采用的一种数制。二进制数据是用 0 和 1 两个数码来表示的数。它的基数为 2,进位规则是“逢二进一”。

2. 什么是十六进制

十六进制在数学中是一种“逢十六进一”的进位制,一般用数字 0 到 9 和字母 A 到 F 表示。其中用 A,B,C,D,E,F(字母不区分大小写)这 6 个字母来分别表示 10,11,12,13,14,15。故而有十六进制每一位上可以是从小到大为 0,1,2,3,4,5,6,7,8,9,A,B,C,D,E,F 16 个大小不同的数。

3. 二进制与十六进制之间的转换

(1)二进制转换为十六进制的方法:每四位二进制表示一位十六进制。十六进制有 16 个数,0 ~ 15,用二进制表示 0 的方法就是 0000,用二进制表示 1 的方法就是 0001,以此类推,用二进制表示 15 的方法就是 1111。从而可以推断出,十六进制用二进制可以表现成0000 ~ 1111,顾名思义,也就是每 4 个为一位。举例:

0111101 可以这样分:

0011 | 1101(最高位不够可用零代替),以每 4 位二进制为一位十六进制。

由此可知, 0011 = 3,1101 = D,故$(00111101)_2 = (3D)_{16}$

(2)将十六进制转换为二进制的方法:把每位十六进制分别用 4 位二进制表示,最后再组合在一起。0 所对应的二进制为 0000,1 所对应的二进制为 0001,2 所对应的二进制为 0010,3 所对应的二进制为 0011,4 所对应的二进制为 0100,5 所对应的二进制为 0101,6 所对应的二进制为 0110,7 所对应的二进制为 0111,8 所对应的二进制为 1000,9 所对应的二进制为 1001,A 所对应的二进制为 1010,B 所对应的二进制为 1011,C 所对应的二进制为 1100,D 所对应的二进制为 1101,F 所对应的二进制为 1110,E 所对应的二进制为 1111。

例:将十六进制 2AF5 换算成二进制:

第 0 位:$(5)_{16} = (0101)_2$

第 1 位:$(F)_{16} = (1111)_2$

第 2 位:$(A)_{16} = (1010)_2$

第 3 位:$(2)_{16} = (0010)_2$

得:$(2AF5)_{16} = (0010101011110101)_2$

## 【任务实施】

1. 识读原理图

利用 P1 口对 8 个二极管进行连接,形成控制 8 盏灯亮灭的电路,电路图如 2.22 所示。

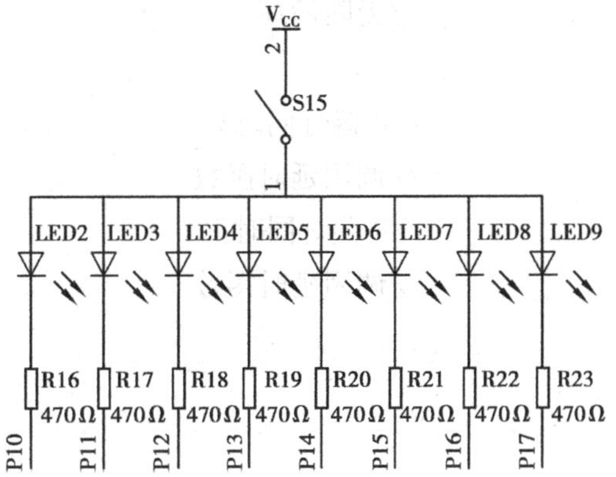


图 2.22　控制 8 盏灯亮灭原理图

2. 连接实物图

根据原理图连接实物图，如图 2.23 所示。

图 2.23　控制 8 盏灯亮灭连接图

3. 编写控制程序

```
#include <reg51.h>                   //头文件
void delay(unsigned char k)          //定义一个延时子程序
{
unsigned char j;                     //定义变量 j 为无符号字符型
for(i = k;i > 0;i--)                 //循环
for(j = 125;j > 0;j--);              //循环
}
void main()                          //主函数的函数名，表示这是一个主函数
{
for(;;)                              //无限循环
{
P1 = 0X00;                           //8 盏灯同时亮
delay(10);                           //调用延时函数
P1 = 0XFF;                           //8 盏灯同时灭
delay(10);                           //调用延时函数
}
}
```

4. 程序的编译

(1)按前次任务流程，打开 Keil 软件并新建一个文件，命名为 text2.c，如图 2.24 所示。

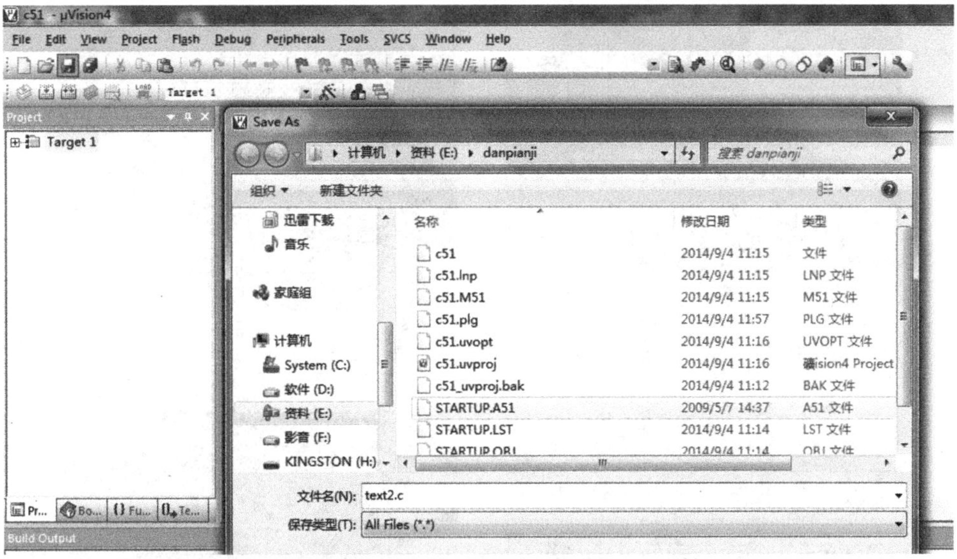

图 2.24　新建一个文件

(2)输入源程序,并编译,如图 2.25 所示。

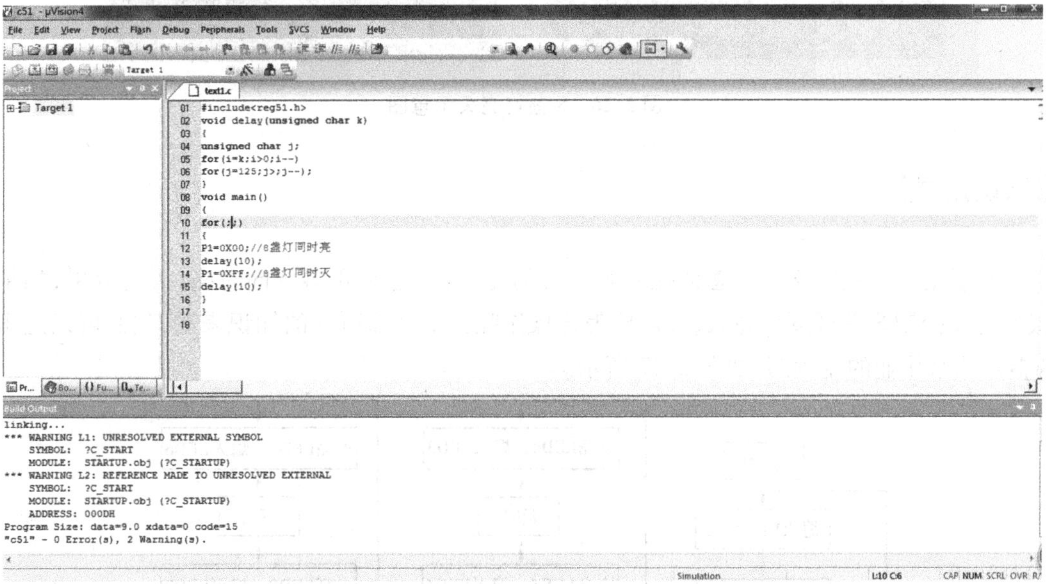

图 2.25　输入程序并编译

(3)按照前次任务步骤生成.hex 文件。

5. 程序调试

程序的下载与调试,结果如图 2.26 所示。

图 2.26　8 盏灯亮灭示意图

## 【知识拓展】

从以上知识我们学到了怎样控制 8 盏灯的亮灭,以达到 8 盏灯同时亮、灭的效果,如果我们想要控制 8 盏灯逐个亮灭,又需要怎样操作呢? 从之前所学的知识来看,我们可以画出 8 盏灯流水作业的流程图,如图 2.27 所示。

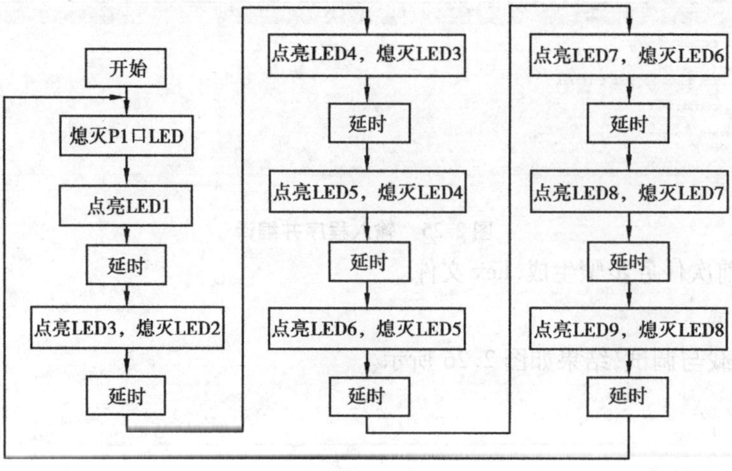


图 2.27　8 盏灯流水作业流程图

要想让我们的 8 盏灯进行流水作业，程序应如何编写呢？

源程序

```
#include <reg52.h>
sbit LED2 = P1^0;
sbit LED3 = P1^1;
sbit LED4 = P1^2;
sbit LED5 = P1^3;
sbit LED6 = P1^4;
sbit LED7 = P1^5;
sbit LED8 = P1^6;
sbit LED9 = P1^7
void delay()
{
unsigned char i,j;
for(i =0;i<12530;i++);
}
void main()
{
while(1)//无限循环,也就是通常所说的死循环
{
P1 =0xff;//熄灭 P1 口 LED
LED2 =0;
delay();
LED2 =1;//熄灭 LED2
LED3 =0;//点亮 LED3
delay();//延时
…
LED8 =1;
LED9 =0;
delay();
}
}
```

## 【任务评价】

表 2.2 任务评价表

| 任务检测 | | 分值/分 | 学生自评（40%） | 老师评估（60%） | 任务总评 |
|---|---|---|---|---|---|
| 任务知识内容 | 能熟练操作 8 盏灯亮灭的仿真操作步骤 | 10 | | | |
| | 了解 8 盏灯亮灭程序的编译方法 | 10 | | | |
| | 能按照电路图准确无误地安装电路 | 20 | | | |
| | 能达到 8 盏灯亮灭的效果 | 20 | | | |
| | 能理解 8 盏灯流水作业程序 | 20 | | | |
| 现场管理 | 出勤情况 | 5 | | | |
| | 机房纪律 | 5 | | | |
| | 团队协作精神 | 5 | | | |
| | 保持机房卫生 | 5 | | | |

## 【思考与练习】

(1)画出 8 盏灯亮灭电路原理图。
(2)编写 8 盏灯同时亮灭的程序。
(3)编写 8 盏灯流水作业的程序。

# 任务三　制作花样流水灯

当今社会人们对事物的要求越来越高，电子行业的发展日新月异，只有不断地探索和掌握，才能实现所预想的效果。既然我们已经介绍了流水灯的相关知识，那么本任务我们将一起学习花样流水灯的制作。

(a)左到右

(b)右到左

图 2.28 花样流水灯效果图

## 【任务目的】

(1)能实现 8 盏灯从左至右从右和至左流水作业的效果。

(2)培养学生的动手操作能力和思维拓展能力。

## 【任务准备工作】

(1)器材准备:51 单片机实验学习箱 1 个,8P 杜邦线两根。

(2)工具准备:控制八盏灯亮灭原理图一张、A4 纸一张、作图工具一套、笔一支。

## 【任务相关知识】

51 单片机的基本数据类型及各种属性介绍,见表 2.3。

表 2.3

| 类　别 | 数据类型 | 长　度 | 值　域 |
|---|---|---|---|
| 字符型 | unsmgned char | 1 字节 | 0 ~ 255 |
| | signed char | 1 字节 | －128 ~ ＋127 |
| | char | 1 字节 | －128 ~ ＋127 |

续表

| 类　别 | 数据类型 | 长　度 | 值　域 |
|---|---|---|---|
| 整型 | unsigned short int | 2 字节 | 0 ~ 65535 |
| | smgned short iht | 2 字节 | -32768 ~ +32767 |
| | short int | 2 字节 | -32768 ~ +32767 |
| | unsmgned short | 2 字节 | 0 ~ 65535 |
| | signed short | 2 字节 | -32768 ~ +32767 |
| | short | 2 字节 | -32768 ~ +32767 |
| | unsmgned iht | 2 字节 | 0 ~ 65535 |
| | signed ihtint | 2 字节 | -32768 ~ 32767 |
| | | 2 字节 | -32768 ~ +32767 |
| 长整型 | unsmgned long iht | 4 字节 | 0 ~ 4294967295 |
| | smgned long iht | 4 字节 | -2147483648 ~ +2147483647 |
| | long iht | 4 字节 | -2147483648 ~ +2147483647 |
| | unsxgned long | 4 字节 | 0 ~ 4294967295 |
| | sxgned long | 4 字节 | 2147483648 ~ +2147483647 |
| | long | 4 字节 | -2147483648 ~ +2147483647 |
| 浮点型 | float | 4 字节 | ±1.75494E-38 ~ ±3.402823E+38 |
| | double | 4 字节 | ±1.75494E-380 ~ ±3.402823E+38 |
| 位型 | bit | 1 位 | 0,1 |
| | sbit | 1 位 | 0,1 |
| SFR 型 | shit | 1 位 | 0,1 |
| | sfr | 1 字节 | 0 ~ 255 |

花样流水灯的流程执行图,如图 2.29 所示。

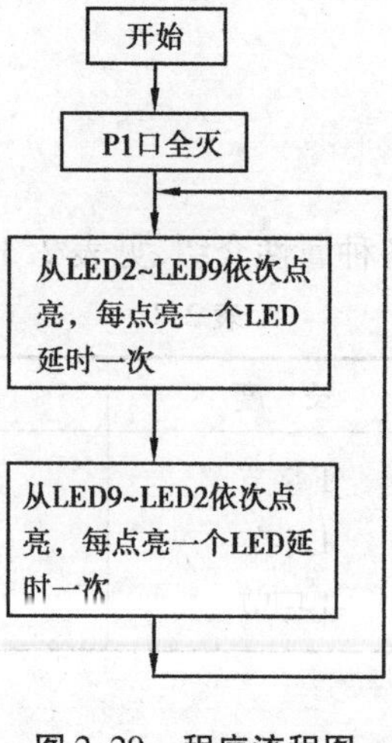


图 2.29　程序流程图

## 【任务实施】

1. 识读电路图

在花样流水灯的控制过程中，仍然是采用控制 8 盏灯亮灭的原理图，它们仅仅是控制方法和程序有所不同，其结构都是相同的，花样流水灯的工作原理，如图 2.30 所示。

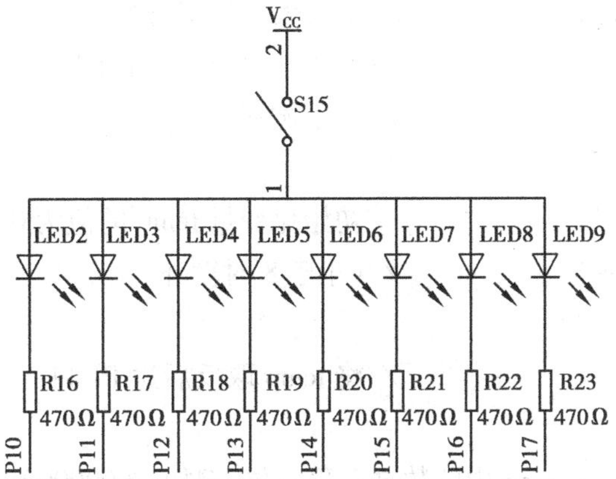


图 2.30　控制花样流水灯的工作原理图

2. 连接电路

根据电路图连接实物图，如图 2.31 所示。

图 2.31　八盏灯连线图

3. 编写控制程序

```
#include <reg51.h>                //头文件
void delay()                      //定义延时函数
```

```
{
unsigned int i;                          //定义 i 为无符号整型
for(i=0;i<12530;i++);                    //给 i 赋初值为 0,i<8 时循环
}
void main()                              //主函数
{
unsigned char i,temp;                    //定义无符号字符型变量 i、temp,//取值范围 0~255
P1=0xff;                                 //P1 口置 1,熄灭所有 LED
while(1)                                 //无限循环
{
temp=0x01;                               //初始化变量 temp 的值为 0x01
for(i=0;i<8;i++)                         //i 小于 8 时循环
{
P1=-temp;                                //将 temp 取反后送 P1 口
delay();
temp=temp<<1;/*temp 中的数据左移一位,例如//00000001 左移一位变成
//00000010,for 语句每执行一次,//temp 就左移一位*/
}
for(i=0;i<8;i++)
{
P1=-temp;
delay();
temp=temp>>1;                            //temp 中的数据右移一位
}
}
}
```

4. 编译程序

(1)按上次任务流程,打开 Keil 软件并新建一个文件,命名为 text3. c,如图 2.32 所示。

(2)输入程序并编译,并生成 hex 文件,如图 2.33 所示。

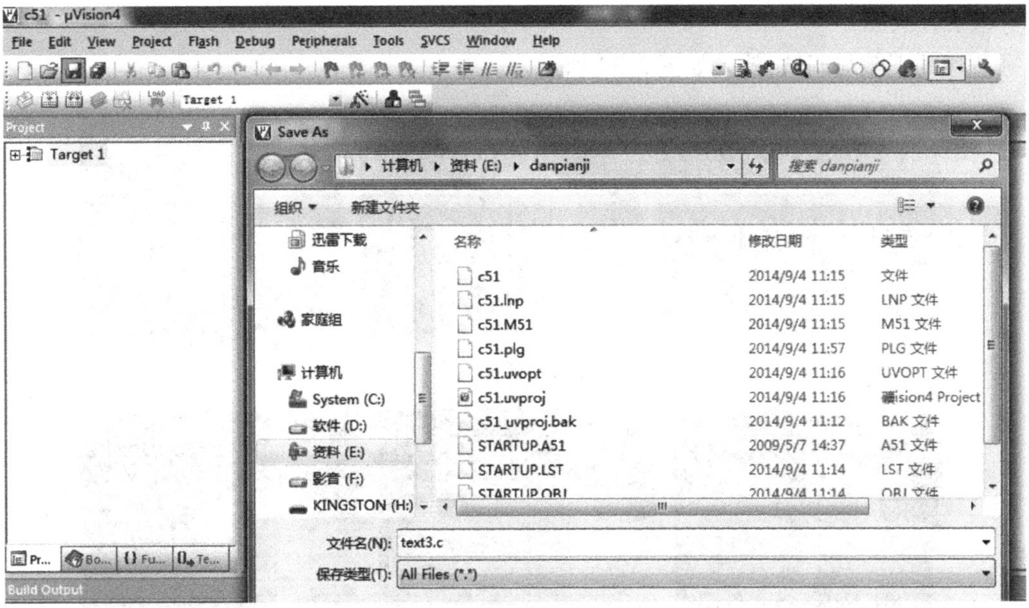


图 2.32　新建一个文件

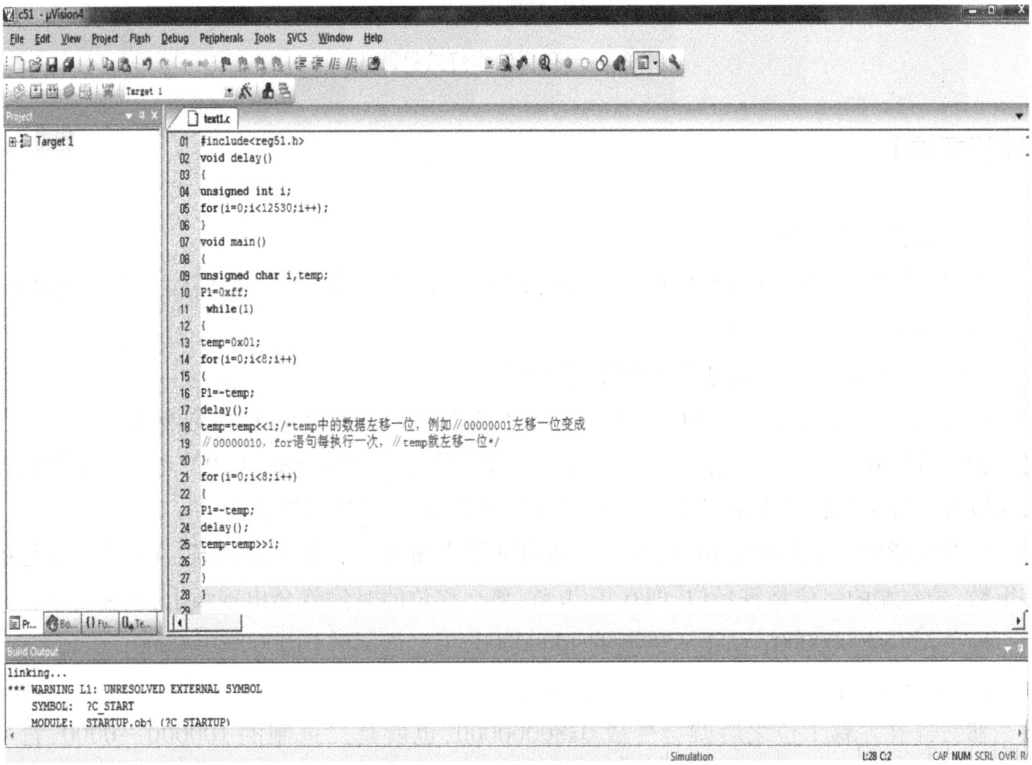


图 2.33　编写程序并编译

5. 程序调试

程序的下载与调试,效果如图 2.34 所示。

(a)左到右

(b)右到左

图 2.34　花样流水灯效果图

## 【知识拓展】

左移右移指令的介绍。

左移就是把一个数的所有位都向左移动若干位,在 C 语言中用“< <”运算符。例如:

int i = 1;

i = i < < 2;　//把 i 的二进制数左移两位

也就是说,1 的二进制是 000…0001(这里 1 前面 0 的个数和 int 的位数有关),左移一位之后就变成 0000…0010,就是十进制的 2,当左移两位之后变成 000…0100,也就是十进制的 4,所以说左移 1 位相当于乘以 2,那么左移 $n$ 位就是乘以 2 的 $n$ 次方了。

需要注意的一个问题是 int 类型最左端的符号位和移位移出去的情况。int 是有符号的整形数,最左端的一位是符号位,即 0 正,1 负,那么移位的时候就会出现溢出,例如:

int i = 0x40000000; //十六进制的 40000000,为二进制的 01000000…0000

i = i < < 1;

那么,i 在左移 1 位之后就会变成 0x80000000,也就是二进制的 100000…0000,符号位被置 1,其他位全是 0,变成了 int 类型所能表示的最小值,32 位的 int 这个值是 -2147483648,溢出。如果再接着把 i 左移 1 位,会出现什么情况呢?在 C 语言中采用了丢弃最高位的处理方法,丢弃了 1 之后,i 的值变成了 0。总之左移就是:丢弃最高位,0 补最低位。

右移的概念和左移相反,就是往右边挪动若干位,运算符是“ > > ”。右移对符号位的处理和左移对符号位的处理不同,对于有符号整数来说,比如 int 类型,右移会保持符号位不变,例如:

int i = 0x80000000;

i = i > > 1;　//i 的值不会变成 0x40000000,而会变成 0xc0000000

就是说,符号位向右移动后,正数补 0,负数补 1,同样当移动的位数超过类型的长度时,会取余数,然后移动余数个位。

负数 10100110 > >5(假设字长为 8 位),则得到的是　11111101

总之,在 C 语言中,左移是逻辑/算术左移(两者完全相同),右移是算术右移,会保持符号位不变。实际应用中可以根据情况用左/右移作快速的乘/除运算,这样会比循环效率高很多。

## 【任务评价】

**表 2.4　任务评价表**

| 任务检测 | | 分值/分 | 学生自评(40%) | 老师评估(60%) | 任务总评 |
|---|---|---|---|---|---|
| 任务知识内容 | 能绘制出花样流水灯的工作原理图 | 10 | | | |
| | 能理解花样流水灯的控制程序 | 20 | | | |
| | 能按照电路图准确无误的安装电路 | 20 | | | |
| | 效果的展示 | 30 | | | |
| 现场管理 | 出勤情况 | 5 | | | |
| | 机房纪律 | 5 | | | |
| | 团队协作精神 | 5 | | | |
| | 保持机房卫生 | 5 | | | |

## 【思考与练习】

(1)熟记花样流水灯程序。

(2)画出花样流水灯执行流程图。

# 项目三

# 按键控制

按键控制在日常生活中应用很广泛，如篮球记分牌、电视机及电冰箱的控制等。按键控制的出现让我们的生活不再忙碌，同时也给我们的生活增添了一分色彩。

## ●知识目标

(1)了解单个按键控制的控制原理。

(2)了解按键控制的消抖原理。

(3)理解矩阵控制的扫描原理及扫描过程。

## ●技能目标

(1)会通过程序使按键控制 LED 灯的亮灭。

(2)能根据按键控制原理，将流水灯的程序融入进来。

(3)能对矩阵键盘进行编程及应用。

## ●情感目标

(1)能激发学生分析问题、解决问题的能力。

(2)能提高学生对专业的学习兴趣。

# 任务一　控制一个按键

## 【任务分析】

按键控制在单片机中的应用十分广泛,它不仅能显示数字,还能显示汉字和图形。本次任务,我们将通过按键控制 LED 灯的亮灭来了解按键控制的原理。图 3.1 所示为按键控制 LED 灯亮的显示效果图。

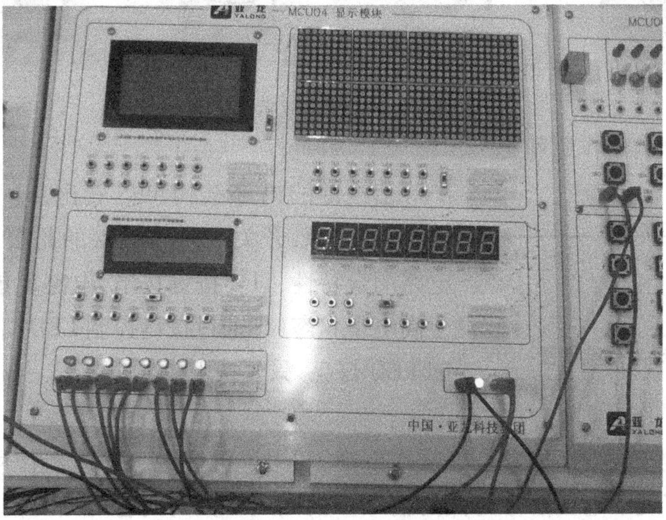

图 3.1　按键控制 LED 灯亮的效果图

## 【任务目的】

(1)了解按键的结构组成。

(2)了解按键控制的原理。

(3)了解按键消抖的原理。

## 【任务准备工作】

(1)器材准备:51 单片机实验学习箱 1 个,8P 杜邦线两根。

(2)工具准备:电路连接图一张、作图工具一套。

## 【任务相关知识】

(1)按键控制的结构

按键外观就是由每个独立的按键构成,其构成如图 3.2 所示。而按键上的每一个按键都是由电路构成的,其内部结构如图 3.3 所示。

图 3.2　按键构成示意图

(2)按键控制的工作原理

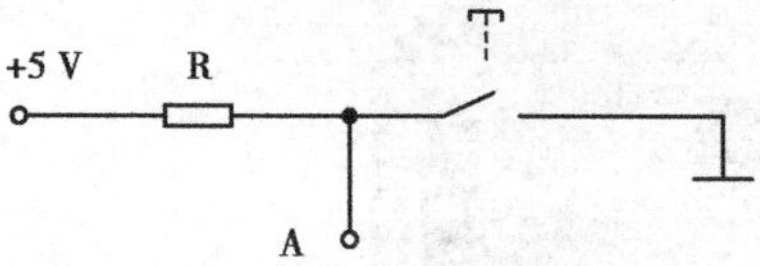


图 3.3　按键内部结构图

由按键的内部结构可以看出,开关的一端接的是 +5 V的电源,开关的另一端接的是公共接地端。根据电路闭合特性,只要按键按下,电路就能导通,使电路处于高电平状态(即通过按键控制 LED 灯亮)。例如:要控制 LED 灯亮,只要按下 sb1 即可。

(3)消抖的工作原理

目前常用的按键,大部分都是机械式按键,利用了机械触点的通断作用,通过机械触点的闭合与断开,实现了电压信号高低的输入。机械式开关的闭合与断开的瞬间均有抖动过程,抖动过程如图 3.4 所示,抖动时间的长短与开关的机械特性有关,一般为 5 ~ 25 ms。

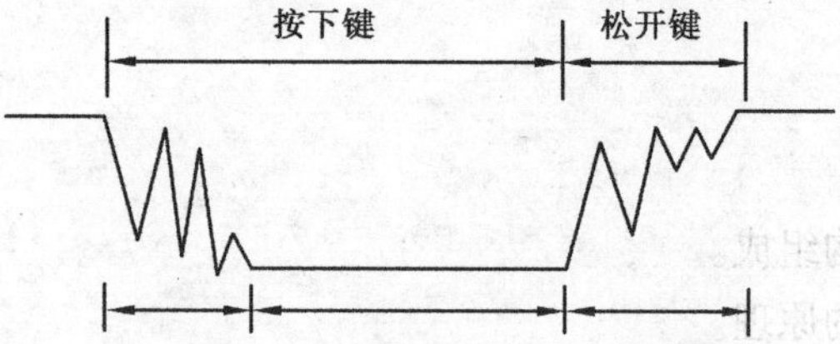


图 3.4　按键的抖动过程

消除抖动的方法:在检测到有按键按下时,执行一个后延 5 ~ 10 ms 的延时程序,若再次检测仍保持闭合状态电平,则认为该按键有效,否则按键无效。

## 【任务实施】

现在已经了解了按键控制的原理,接下来就一起来控制 LED 灯,让其显示吧。具体操作步骤如下:

(1)熟悉并识读电路连线图,电路连接图如图 3.5 所示。

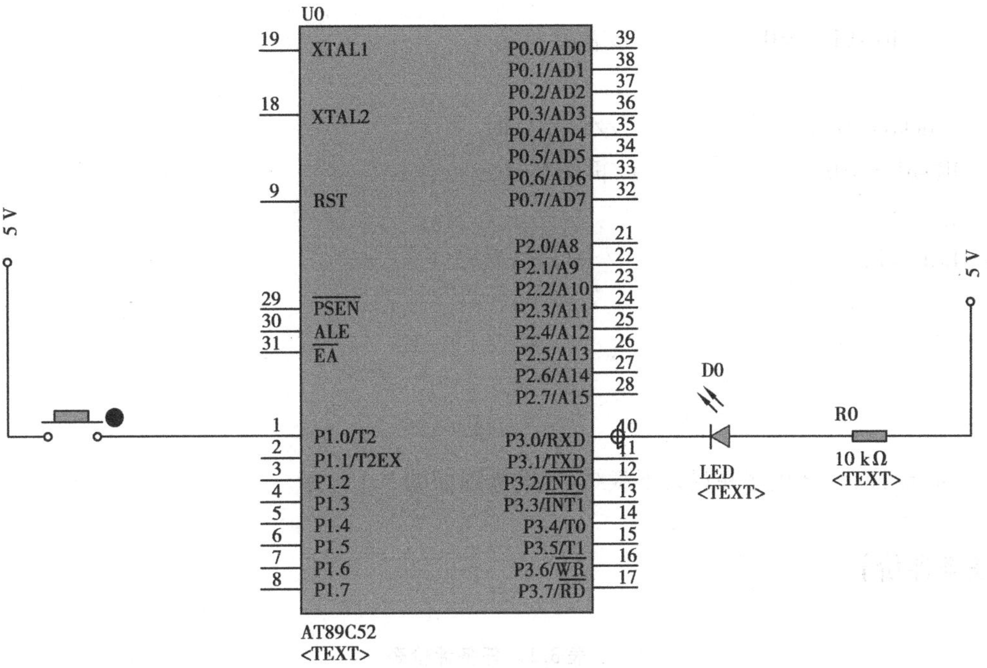


图 3.5　按键、LED 与单片机连接图

(2)根据电路连接图(图 3.5),把按键的一端接电源,一端接单片机;LED 是一样的接法。

(3)编写控制程序。

如图 3.1 所示,按键控制 LED 亮。

根据按键的控制原理可知,如果要点亮图 3.2 所示的 LED 灯,则需按下 sb1 使 P0^0 为高电平。其参考程序如下所示:

```
#include < reg51. h >                //8051 寄存器头文件
sbit sb1 = P0^0;                     //定义将 P0^0 用 sb1 来替代
Sbit LED = P0^1;                 //定义将 P0^1 用 LED 来替代
Void delay( unsigned int i)  //延时函数
{
Unsigned int n;
for( n =0;n < i;n + + );
}
```

```
void main( )                    //主函数
{
    while(1)                    //死循环
    {
        If( sb1 = =0)           //消除抖动
    {
    delay(30);                  //调用延时
If( sb1 = =0)                   //再次判断
{
LED =1;                         //显示结果
}
}
}
}
```

(4)编译,调试程序并观察下载结果,效果图如图 3.1 所示。

## 【任务评价】

**表 3.1　任务评价表**

| 任务检测 | | 分值/分 | 学生自评(40%) | 老师评估(60%) | 任务总评 |
|---|---|---|---|---|---|
| 任务知识内容 | 了解按键的基本结构 | 10 | | | |
| | 理解一个按键控制原理并熟悉消抖方式 | 15 | | | |
| | 电路连接规范且无误 | 15 | | | |
| | 程序编写结构正确且编译无误 | 20 | | | |
| | 按要求一个按键控制 LED 灯亮 | 20 | | | |
| 现场管理 | 出勤情况 | 5 | | | |
| | 机房纪律 | 5 | | | |
| | 团队协作精神 | 5 | | | |
| | 保持机房卫生 | 5 | | | |

## 【思考与练习】

(1)如何利用一个按键控制多个 LED 灯亮?

(2)如何利用一个按键控制流水灯?

# 任务二　控制多个按键

## 【任务分析】

在任务一中实现了一个按键控制,如果按键控制就只是用来控制一个按键,那实在没有多大价值。在日常生活中,我们所见到的按键控制大多都是多个按键控制的。本次任务将让多个按键控制 LED 灯,图 3.6 为多个按键控制的显示效果图。

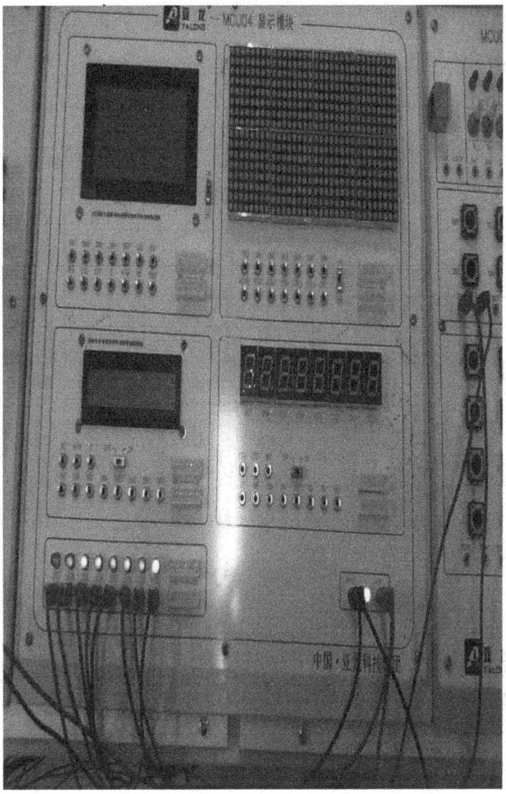

图 3.6　多个按键控制 LED 灯的效果图

## 【任务目的】

(1)了解多个按键控制的原理。

(2)会使用多个按键控制。

## 【任务准备工作】

(1)器材准备:51 单片机实验学习箱 1 个,8P 杜邦线两根。

(2)工具准备:电路连接图一张、作图工具一套、笔一支。

## 【任务相关知识】

**多个按键控制数码管显示**

多个按键控制 LED 灯亮灭的关键在于不同的按键所表示的代码不同,每一个按键都控制一个 LED 灯的亮灭。

“按键”电路的分布如图 3.7 所示。电路中的 S0—S3 表示按键,电阻为上拉电阻。当开关 S0 按下后,P1^0 为高电平,从而达到按键控制的目的,后面的一样。

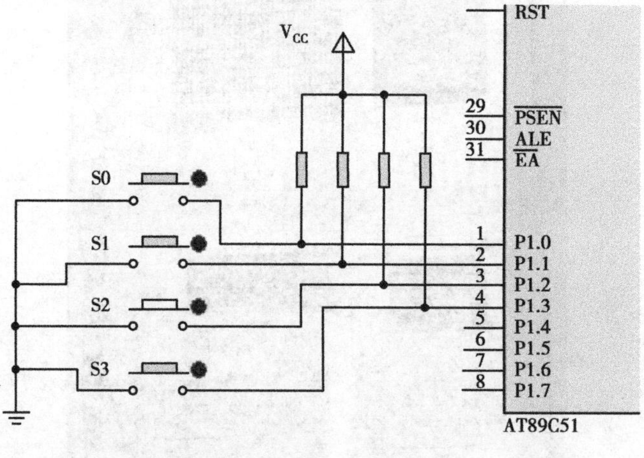


图 3.7 “按键”电路的分布图

对 LED 灯连接进行分析:

如图 3.8 所示,电路中发光二极管的正极所接的正 5 V 的电源,负端接的是单片机,所以只有在单片机接口为低电平时,二极管才会亮。

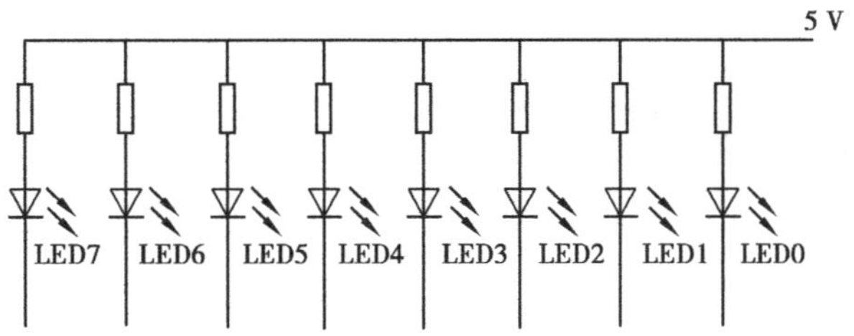


图 3.8　LED 灯连接图

## 【任务实施】

(1)熟悉并识读电路连接图,如图 3.9 所示。

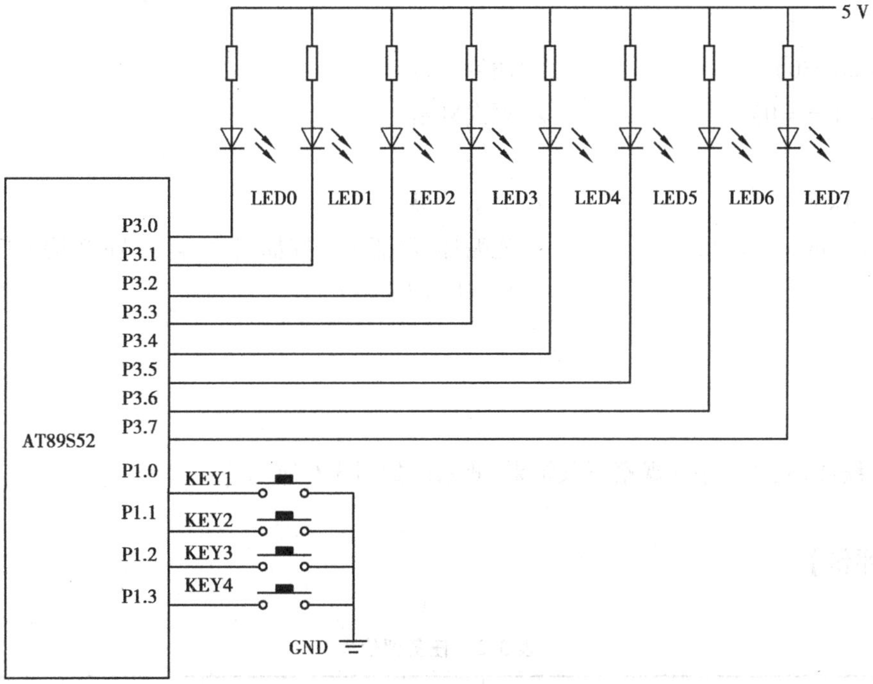


图 3.9　电路连接图

(2)根据电路连接图(图 3.9),在连线时注意点阵上的引脚顺序和单片机输出口顺序的一一对应。

(3)编写控制程序。参考程序如下所示:

```
#include < reg51. h >             //8051 寄存器头文件
sbit key1 = P1^0;                 //定义将 P0^0 用 key1 来替代
Sbit key2 = P1^1                  //定义将 P1^1 用 key2 来替代
Void delay( unsigned int i)       //延时函数
```

```
{
Unsigned int n;
for(n = 0;n < i;n + + );
}

void main( )                    //主函数
{

      If(key1 = = 0)            //消除抖动
{
   delay(30);                   //调用延时
If(key1 = = 0)                  //再次判断
{
P3 = 0X00;                      //显示结果
while(key2 = = 1);              //死循环,保证 8 个灯都亮,并且当 key2 按下后结束循
                                  环,从而灭灯
}
}
}
```

(4)编译,调试程序并观察下载结果,效果图如图 3.6 所示。

## 【任务评价】

**表 3.2　任务评价表**

| 任务检测 | | 分值/分 | 学生自评（40%） | 老师评估（60%） | 任务总评 |
|---|---|---|---|---|---|
| 任务知识内容 | 了解多个按键的控制原理 | 10 | | | |
| | 能根据不同按键控制不同的显示 | 20 | | | |
| | 电路连接规范且无误 | 15 | | | |
| | 程序编写结构正确且编译无误 | 15 | | | |
| | 能按要求使多个按键任意控制 | 20 | | | |

续表

| 任务检测 | | 分值/分 | 学生自评（40%） | 老师评估（60%） | 任务总评 |
|---|---|---|---|---|---|
| 现场管理 | 出勤情况 | 5 | | | |
| | 机房纪律 | 5 | | | |
| | 团队协作精神 | 5 | | | |
| | 保持机房卫生 | 5 | | | |

## 【思考与练习】

如何利用多个按键控制方式控制流水灯的移动方向？

# 任务三　扫描 4×4 矩阵键盘

## 【任务分析】

通过前面两个任务，相信大家对按键控制的基本原理已有所了解，同时对少量的按键控制已能迎刃而解了。但是当控制的数据过大时，就不能处理了，所以我们就引出了键盘矩阵。本次任务就是将一个键盘矩阵上的字母“F”用 LED 表示出来，结果如图 3.10 所示。

图 3.10　矩阵显示“F”的 LED 效果图

## 【任务目的】

(1)进一步熟悉按键的控制原理以及字符代码。
(2)理解键盘矩阵的扫描方式。
(3)掌握键盘矩阵的任意控制方式。

## 【任务准备工作】

(1)器材准备:51 单片机实验学习箱 1 个,8P 杜邦线两根。
(2)工具准备:电路连接图一张,作图工具一套。

## 【任务相关知识】

1. 矩阵键盘的结构

矩阵键盘多用于按键控制量较大的时候。这样可以更多地节省 I/O 口的占用量,如图 3.11 所示的键盘矩阵图。

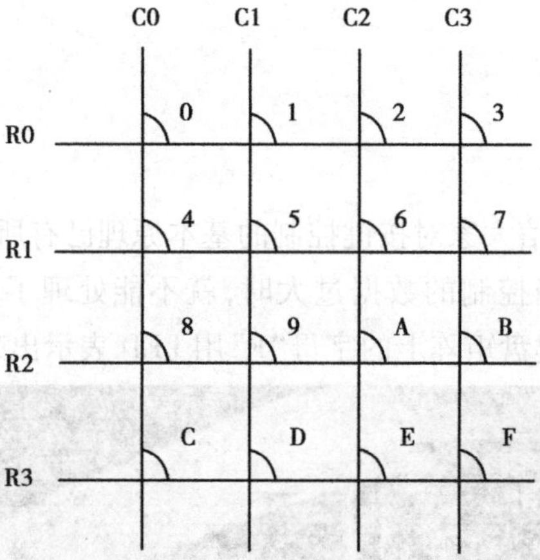


图 3.11　键盘矩阵图

2. 矩阵扫描方法

矩阵键盘常用的扫描方法为线反转查询法。其具体思路是:首先使行作为输入,使单片机内部电阻上拉为高电平,列输出为低电平,读行的状态。如果行有一个 I/O 口是底,说明有按键按下,进行下一步,否则退出扫描,如果有键按下,置列为输入,行为输出低电平,读列的状态。最后根据行列的状态查表,就可以知道是哪个按键按下。如图 3.11 所示,“F”按键被按下的状态为 1110　1110,即十六进制的 77H,根据此原理编写表格如下:

| 按键名称 | 1 | 2 | 3 | 4 | 5 | 6 | 7 | 8 |
|---|---|---|---|---|---|---|---|---|
| 编码 | 0DEH | 0BEH | 07EH | 0EDH | 0DDH | 0BDH | 07DH | 0EBH |
| 按键名称 | 9 | 0 | A | B | C | D | E | F |
| 编码 | 0DBH | 0EEH | 0BBH | 07BH | 0E7H | 0D7H | 0B7H | 077H |

## 【任务实施】

(1)熟悉并识读电路连接图,如图 3.12 所示。

(2)对照电路图连接电路,如图 3.12 所示。

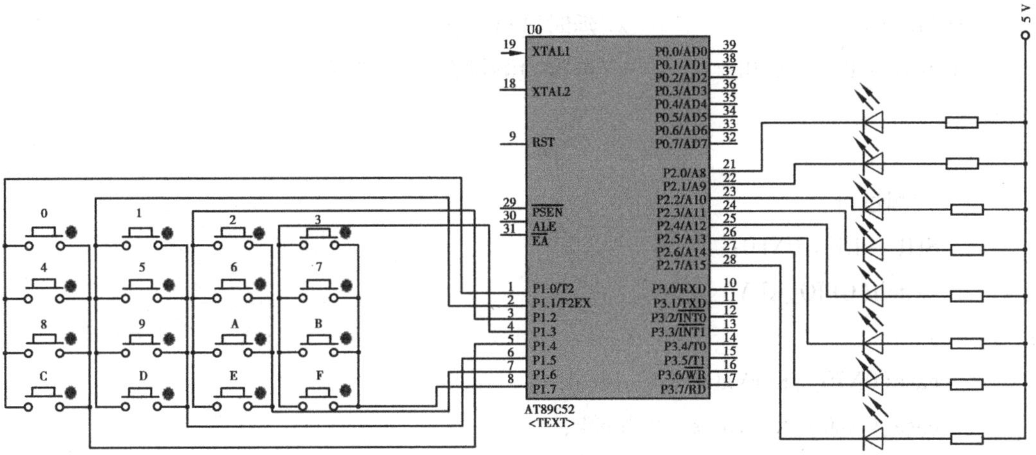


**图 3.12　电路连接图**

(3)编写控制程序。参考程序如下所示:

```
#include <reg51.h>
//－－定义使用的 IO 口－－//
#define SHU－CHU P2
#define SHU－RU P1
//－－定义全局变量－－//
unsigned char  A[16] = {
0xee,0xde,0xbe,0x7e,0xed,0xdd,0xbd,0x7d,
0xeb,0xdb,0xbb,0x7b,0xe7,0xd7,0xb7,0x77};
//0、1、2、3、4、5、6、7、8、9、A、B、C、D、E、F 的显示码
unsigned char KeyValue;
//用来存放读取到的键值
```

```
void Delay(unsigned int c);        //延时
{
unsigned int i;
for(i =0;i <c;i + +);
}
  void KeyDown(void)
{
  char a  =  0;
  SHU - RU =0x0f;
  if(SHU - RU! =0x0f)              //读取按键是否按下
  {
  Delay(10);                       //延时进行消抖
  if(SHU - RU! =0x0f)              //再次检测键盘是否按下
  {

    //测试行
    SHU - RU =0XF0;
    switch(GPIO_KEY)
    {
    case(0X70):KeyValue =12;break;
    case(0Xb0):KeyValue =8;break;
    case(0Xd0):KeyValue =4;break;
    case(0Xe0):KeyValue =0;break;
    }
    //测试列
    SHU - RU =0X0F;
    switch(GPIO_KEY)
    {
    case(0X07):KeyValue =KeyValue +3;break;
    case(0X0b):KeyValue =KeyValue +2;break;
    case(0X0d):KeyValue =KeyValue +1;break;
    case(0X0e):KeyValue =KeyValue;break;
    }
    while((a <50) && (SHU - RU! =0x0F))     //检测按键松手检测
    {
      Delay(10);
```

```
            a + + ;
          }
        }
      }
    }

void main(void)
{
  while(1)
  {
    KeyDown();
    SHU-CHU = A[KeyValue];
  }
}
```

(4)编译,调试程序并观察下载结果。矩阵显示“F”的 LED 效果图如图 3.10 所示。

## 【任务评价】

**表 3.3　任务评价表**

| 任务检测 | | 分值/分 | 学生自评(40%) | 老师评估(60%) | 任务总评 |
|---|---|---|---|---|---|
| 任务知识内容 | 电路连接规范且无误 | 15 | | | |
| | 程序编写结构正确且编译无误 | 20 | | | |
| | 矩阵能显示键盘数字的效果图 | 20 | | | |
| | 任意显示键盘数字效果 | 25 | | | |
| 现场管理 | 出勤情况 | 5 | | | |
| | 机房纪律 | 5 | | | |
| | 团队协作精神 | 5 | | | |
| | 保持机房卫生 | 5 | | | |

## 【思考与练习】

试编写一个计算器程序,“A,B,C,D”键分别表示“ +,-,/,* ”,“E”代表小数点,“F”代表“ =”,用 LED 灯表示出来。

# 项目四

# 继电器的控制

现代自动化控制设备都存在一个电子与电气电路的互相连接问题,一方面要使电子电路的控制信号能够控制电气电路的执行元件(电动机、电磁铁、电灯等),另一方面又要为电子电路和电气电路提供良好的电隔离,以保护电子电路及人身的安全,电子继电器便能完成这一桥梁作用。在日常生活中,也有很多单片机的实际应用,如图4.1所示。

(a)汽车应用　　(b)工业控制　　(c)线路切换

图4.1　继电器控制的实例应用

**●知识目标**

(1)了解继电器的工作原理。

(2)理解继电器的控制原理。

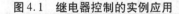

**●技能目标**

(1)能根据继电器原理图安装继电器电路。

(2)能利用单片机控制一个继电器工作。

(3)能利用单片机控制多个继电器工作。

**●情感目标**

(1)能激发学生分析问题、解决问题的能力。

(2)能提高动手操作能力。

# 任务一　控制一个继电器

## 【任务分析】

在现实生活中,常会涉及单片机的实际应用,例如常见的交通灯,也是可以通过继电器来实现控制的,如图4.2所示。

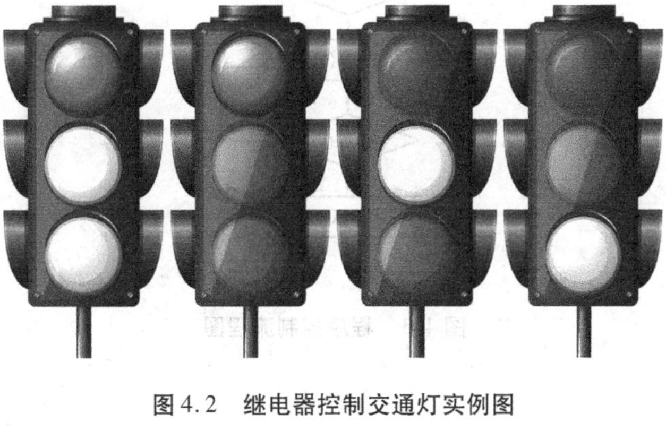

图4.2　继电器控制交通灯实例图

## 【任务目的】

(1)了解继电器电路的工作原理。

(2)了解继电器电路的控制原理。

(3)能够通过程序控制继电器达到控制绿灯效果。

## 【任务准备工作】

(1)器材准备:51 单片机实验学习箱 1 个,指示交通灯一组。

(2)工具准备:电路安装工具一套,电路连接图一张,作图工具一套。

## 【任务相关知识】

继电器是一种电子控制器件,它具有控制系统(又称输入回路)和被控制系统(又称输出回路),通常应用于自动控制电路中。它实际上是用较小的电流去控制较大电流的一种"自动开关",故在电路中起着自动调节、安全保护、转换电路等作用。

工作原理:电磁式继电器一般由铁芯、线圈、衔铁、触点簧片等组成。只要在线圈两端加上一定的电压,线圈中就会流过一定的电流,从而产生电磁效应,衔铁就会在电磁力吸引的作用下克服返回弹簧的拉力吸向铁芯,从而带动衔铁的动触点与静触点(常开触点)吸合。当线圈断电后,电磁的吸力也随之消失,衔铁就会因弹簧的反作用力而返回原来的位置,使动触点与原来的静触点(常闭触点)吸合。这样吸合、释放,从而达到在电路中导通、切断的目的。对于继电器的"常开、常闭"触点,可以这样来区分:继电器线圈未通电时,处于断开状态的静触点,称为"常开触点";处于接通状态的静触点,称为"常闭触点"。

程序控制流程图,如图 4.3 所示。

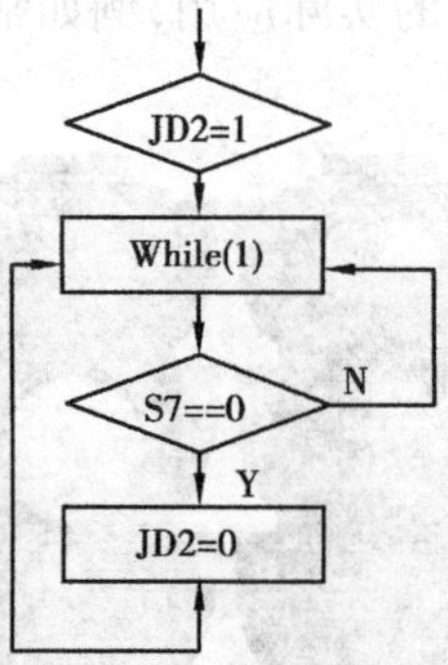


图 4.3 程序控制流程图

## 【任务实施】

1. 识读继电器控制电路图(如图 4.4 所示)。

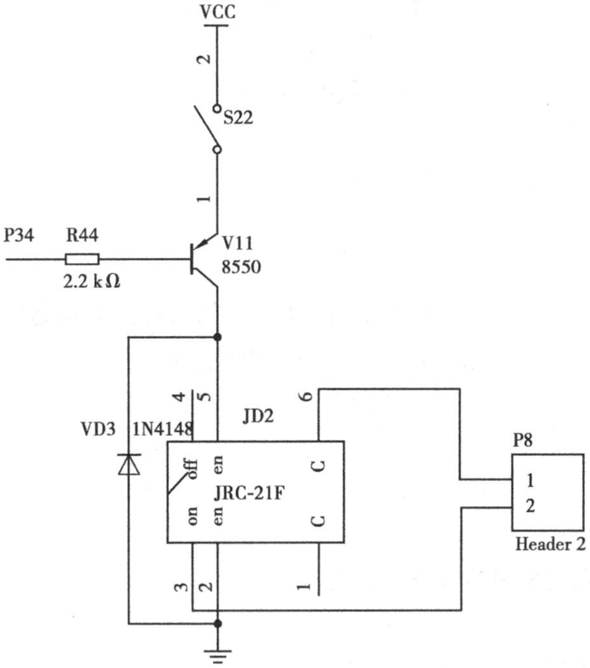


图 4.4　继电器控制电路图

2. 连接实物图

根据原理图连接实物图,如图 4.5 所示。

图 4.5　继电器安装实物图

3. 编写控制程序

编写源程序

```
#include <reg51.h>        //头文件
```

```
sbitS7 = P3^2;                //位定义控制开关 S7
sbitJD2 = P3^4;               //位定义继电器 2 控制端口
void main()                   /*是主函数的函数名*/
{
JD2 =1;                       //初始继电器
while(1)
{
while(S7 ==0);                //判断控制开关状态(如果是按下状态则启动下一条程序,如
                              果不是就保持现在的状态)
JD2 =0;                       //继电器动作
}
}
}
```

注意:是利用继电器常闭端口进行控制。

4. 程序调试

下载调试程序,效果如图 4.6 所示。

图 4.6　一个继电器工作

## 【知识拓展】

1. 电磁继电器

电磁继电器一般由铁芯、线圈、衔铁、触点簧片等组成。只要在线圈两端加上一定的电压,线圈中就会流过一定的电流,从而产生电磁效应,衔铁就会在电磁力的吸引下,克服返回

弹簧的拉力吸向铁芯,从而带动衔铁的动触点与静触点(常开触点)吸合。当线圈断电后,电磁的吸力也随之消失,衔铁就会在弹簧的反作用力作用下,返回原来的位置,使动触点与原来的静触点(常闭触点)释放。这样吸合、释放,从而达到在电路中导通、切断的目的。对于继电器的“常开、常闭”触点,可以这样来区分:继电器线圈未通电时,处于断开状态的静触点,称为“常开触点”;处于接通状态的静触点,称为“常闭触点”。继电器一般有两支电路,即低压控制电路和高压工作电路。

2. 固态继电器(SSR)

固态继电器是一种两个接线端为输入端,另两个接线端为输出端的四端器件,中间采用隔离器件,实现输入输出的电隔离。

固态继电器按负载电源类型,可分为交流型和直流型。按开关类型可分为常开型和常闭型。按隔离类型可分为混合型、变压器隔离型和光电隔离型,以光电隔离型为最多。

3. 热敏干簧继电器

热敏干簧继电器,是一种利用热敏磁性材料检测和控制温度的新型热敏开关。它由感温磁环、恒磁环、干簧管、导热安装片、塑料衬底及其他一些附件组成。热敏干簧继电器不用线圈励磁,而由恒磁环产生的磁力,驱动开关动作。恒磁环能否向干簧管提供磁力,是由感温磁环的温控特性所决定的。

4. 磁簧继电器

磁簧继电器,是以线圈产生磁场将磁簧管作用于继电器一种线圈传感装置。因此,磁簧继电器具有尺寸小、重量轻、反应速度快、跳动时间短等特性。当整块铁磁金属或其他导磁物质与之靠近时发生动作,开通或者闭合电路。磁簧继电器由永久磁铁和干簧管组成。磁簧继电器结构坚固,触点为密封状态,耐用性高,可以作为机械设备的位置限制开关,也可以用于探测铁制门、窗等是否处于指定位置。

5. 光继电器

光继电器为AC/DC并用的半导体继电器,它是发光器件和受光器件一体化的继电器。输入侧和输出侧电气性绝缘,但信号可以通过光信号传输。

光继电器具有寿命为半永久性、微小电流驱动信号、高阻抗绝缘耐压、超小型、光传输、无接点等特点。主要应用于量测设备、通信设备、保全设备、医疗设备等。

6. 时间继电器

时间继电器是一种利用电磁原理或机械原理实现延时控制的控制电器。它的种类很多,有空气阻尼型、电动型和电子型等。

在交流电路中,常采用空气阻尼型时间继电器,它是利用空气,通过小孔节流的原理来获得延时动作的。它由电磁系统、延时机构和触点三部分组成。时间继电器可分为通电延时型和断电延时型两种类型。

【任务评价】

表 4.1 任务评价表

| 任务检测 | | 分值/分 | 学生自评（40%） | 老师评估（60%） | 任务总评 |
|---|---|---|---|---|---|
| 任务知识内容 | 能掌握继电器的工作原理 | 10 | | | |
| | 能绘制出继电器的原理图 | 15 | | | |
| | 电路安装准确无误 | 15 | | | |
| | 掌握程序编写 | 20 | | | |
| | 效果的完成程度 | 20 | | | |
| 现场管理 | 出勤情况 | 5 | | | |
| | 机房纪律 | 5 | | | |
| | 团队协作精神 | 5 | | | |
| | 保持机房卫生 | 5 | | | |

【思考与练习】

(1)简述继电器分类。

(2)画出控制一个继电器的电路原理图。

(3)写出控制一个继电器工作的程序。

## 任务二　控制两个继电器

【任务分析】

在日常生活中，交通信号灯的使用，使市交通得以有效管理，对于疏导交通流量、提高道路通行能力，减少交通事故有明显的效果。我们可以由 80C51 单片机来控制继电器的工作，以达到红灯和绿灯交替工作的效果，如图 4.7 所示。

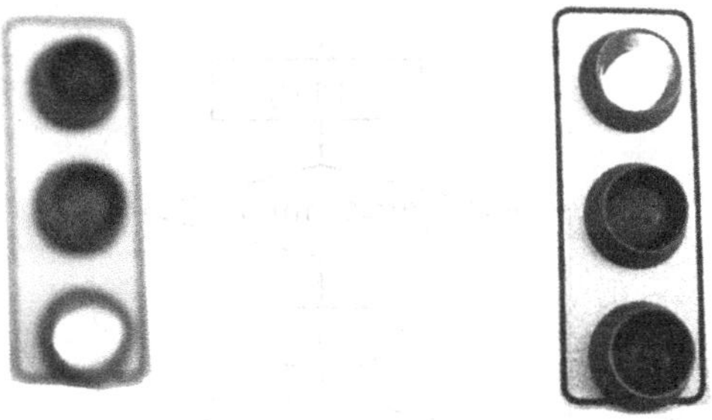

(a)绿灯亮　　　　(b)红灯亮

图 4.7　交通红绿灯交替工作图

## 【任务目的】

(1)能绘制继电器控制原理图。

(2)能够通过程序控制两个继电器,达到交通灯的控制效果。

## 【任务准备工作】

(1)器材准备:51 单片机实验学习箱 1 个,8P 杜邦线两根。

(2)工具准备:电路连接图一张、作图工具一套。

## 【任务相关知识】

(1)继电器作业流程,如图 4.8 所示。

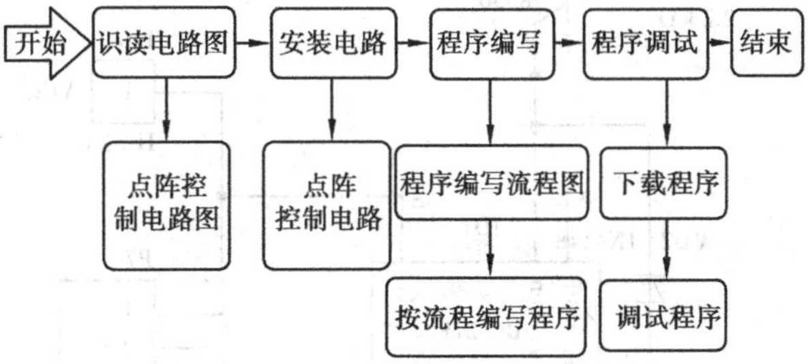


图 4.8　继电器控制作业流程图

(2)程序控制流程图,如图 4.9 所示。

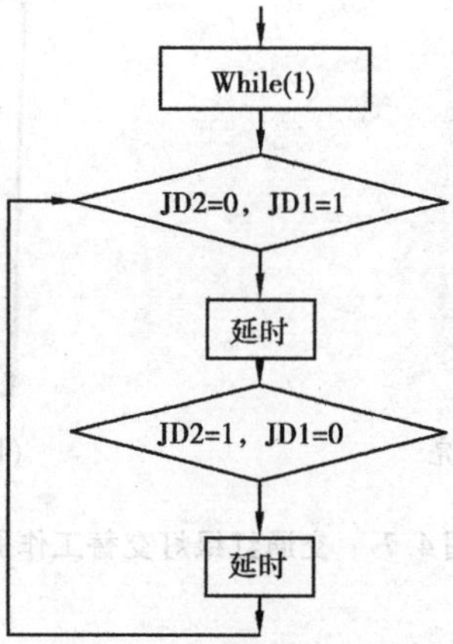


图 4.9　程序控制流程图

## 【任务实施】

1. 识读电路图

识读继电器控制电路图，如图 4.10 所示。

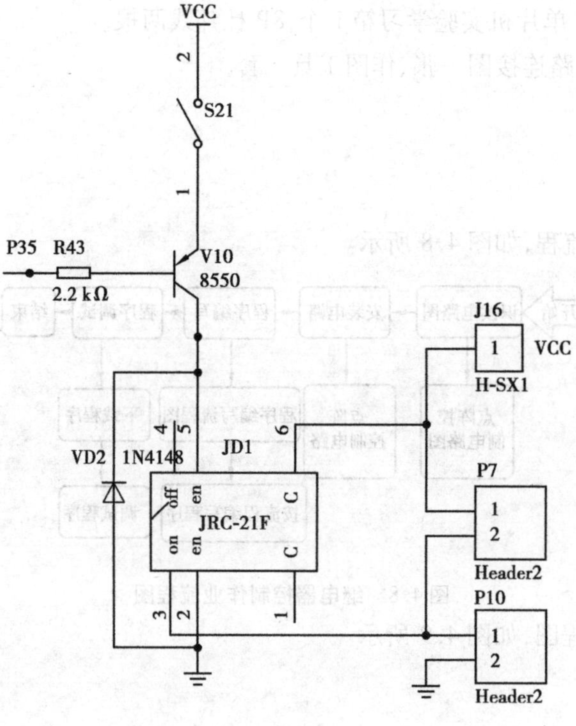


图 4.10　继电器控制原理图

2. 连接实物图

根据原理图连接实物图，如图4.11所示。

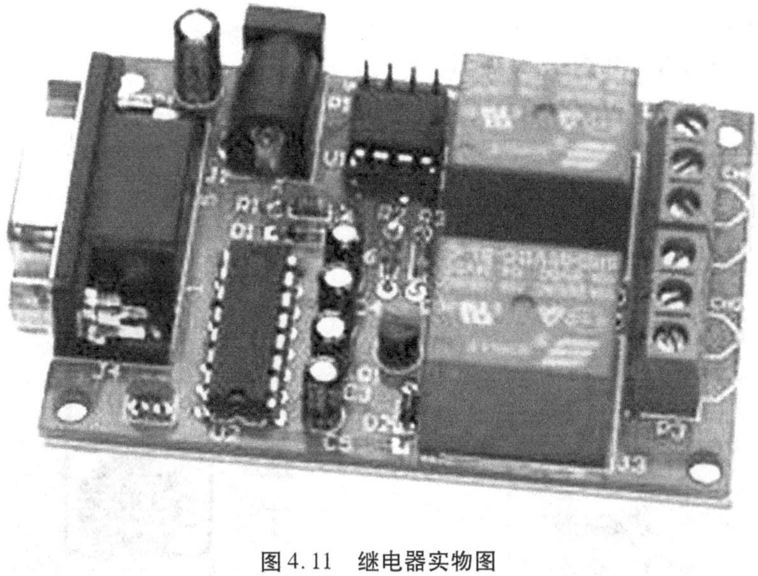

图4.11 继电器实物图

3. 编写控制程序

```
#include <reg51.h>
sbit  JD2 = P3^4;                    //定义继电器2引脚
sbit  JD1 = P3^5;                    //定义继电器1引脚
void delay(unsigned int time);       //声明延时子函数
void main(void)
{
while(1)
{
JD2 =0;                              //开启继电器2
JD1 =1;                              //关闭继电器1
delay(50000);                        //延时函数调用
JD2 =1;                              //关闭继电器2
JD1 =0;                              //开启继电器1
delay(20000);                        //延时函数调用
}
}
void delay(unsigned int time)
{
while(time--);
```

}

注意：是利用继电器常闭端口进行控制。

4. 调试程序

下载调试程序，效果如图 4.12 所示。

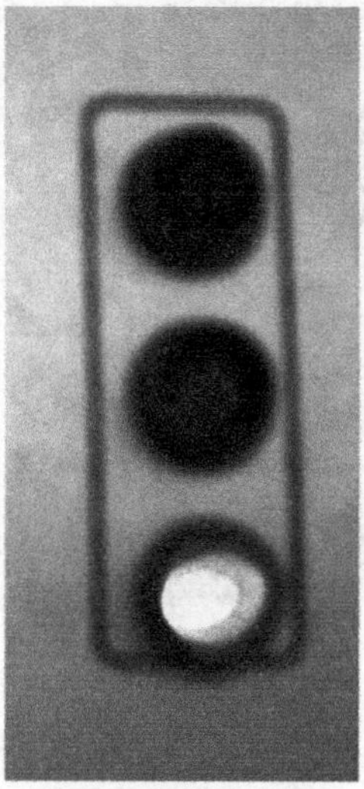

(a)绿灯亮

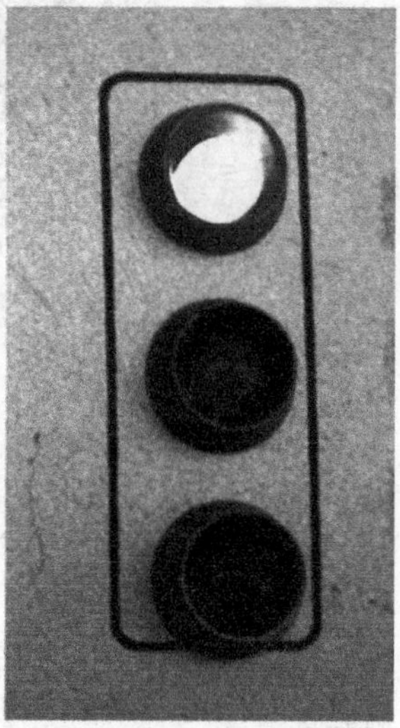

(b)红灯亮

图 4.12 继电器控制效果图

## 【知识拓展】

当今，红绿灯安装在各个道口，已经成为疏导交通的最常见、最有效的工具，但该技术在19 世纪就已经出现。

1858 年，在英国中部的约克城，红、绿装分别代表女性的不同身份。其中，着红装的女人表示已结婚，而着绿装的女人则是未婚者。后来，英国伦敦议会大厦前，经常发生马车轧人的事故，于是人们受到红绿装的启发，发明了交通信号灯。1868 年 12 月 10 日，信号灯家族的第一个成员，就在伦敦议会大厦的广场上诞生了。由当时英国机械师德·哈特设计、制造的灯柱高 7 m，身上挂着一盏红、绿两色的提灯——煤气交通信号灯，这就是城市街道的第一盏信号灯。在灯的脚下，一名手持长杆的警察，随心所欲地拉动皮带，转换提灯的颜色。后来在信号灯的中心装上煤气灯罩，它的前面有两块红、绿玻璃交替遮挡。不幸的是，只面世23 天的煤气灯突然爆炸，使一位正在值勤的警察因此断送了性命。

从此，城市的交通信号灯被取缔了。直到 1914 年，在美国的克利夫兰市，才率先恢复了红绿灯。不过，此时已换成了"电气信号灯"。稍后又在纽约和芝加哥等城市，相继重新出现了交通信号灯。

随着各种交通工具的发展和交通指挥的需要，第一盏名副其实的三色灯（红、黄、绿 3 种标志）于 1918 年诞生，红灯表示停止，黄灯表示准备，绿灯则表示通行。它是三色圆形四面投影器，被安装在纽约市五号街的一座高塔上，由于它的诞生，城市交通大为改善。

黄色信号灯的发明者是我国的胡汝鼎，他怀着“科学救国”的抱负到美国深造，在大发明家爱迪生为董事长的美国通用电器公司任职。一天，他站在繁华的十字路口等待绿灯信号，当他看到红灯而正要过去时，一辆转弯的汽车呼的一声擦身而过，吓了他一身冷汗。回到宿舍他反复琢磨，终于想到在红、绿灯之间，再加上一个黄色信号灯，提醒人们注意危险。他的建议立即得到有关方面的肯定。于是红、黄、绿三色信号灯，即以一个完整的指挥信号家族，遍及全世界陆、海、空交通领域了。

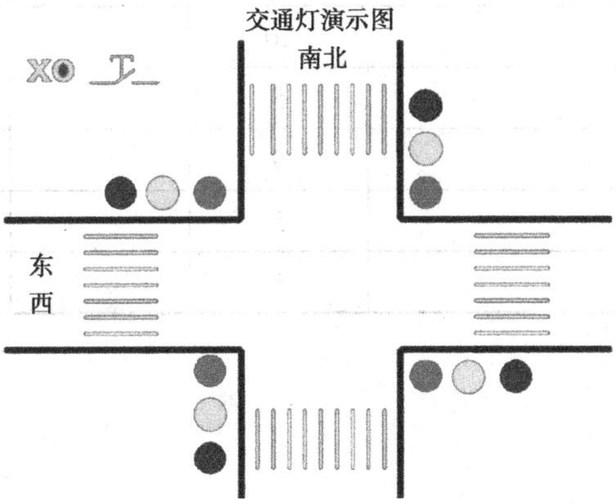


中国最早的信号红绿灯，1928 年出现于上海的英租界。

从最早的手拉皮带，到 20 世纪 50 年代的电气控制，从采用计算机控制，到现代化的电子定时监控，交通信号灯在科学化、自动化的道路上不断地更新、发展和完善。

公路交通的红绿灯，在很大程度上，是要告诉汽车司机把车辆停下来。开车的人谁也不愿意看到停车信号。美国夏威夷大学心理学家詹姆斯指出，人有一种将刹车和油门与心理相互联系的倾向。他说：驾车者看到黄灯亮时，心里便暗暗作好加速的准备。如果此时红灯亮了，马上就会产生一种失望的感觉。他把交叉路口称为“心理动力区”。如果他的理论成立，这个区域在弗洛伊德心理学理论中，应该是属于超我（supere go）而非本能的范畴。

新式的红绿灯能将闯红灯的人拍摄下来。犯事的司机不久就会收到罚款单。有的红绿灯还具备监测车辆行驶速度的功能。

## 【任务评价】

表 4.2　任务评价表

| 任务检测 | | 分值/分 | 学生自评（40%） | 老师评估（60%） | 任务总评 |
|---|---|---|---|---|---|
| 任务知识内容 | 能绘制控制两个继电器工作的原理图 | 20 | | | |
| | 电路连接规范且无误 | 20 | | | |
| | 程序编写结构正确且编译无误 | 20 | | | |
| | 效果展示情况 | 20 | | | |
| 现场管理 | 出勤情况 | 5 | | | |
| | 机房纪律 | 5 | | | |
| | 团队协作精神 | 5 | | | |
| | 保持机房卫生 | 5 | | | |

## 【思考与练习】

(1)写出控制两个继电器工作的C程序

(2)画出控制两个继电器工作的原理图。

# 项目五

# 数码管显示控制

LED数码管显示广泛应用于日常生活中，如温度计的温度显示、数字表的时间显示及各出租车用的显示器等。点阵显示屏的出现让我们的生活不再盲目，同时也给我们的生活增添了一分色彩。图5.1所示为部分数码管显示器的应用。

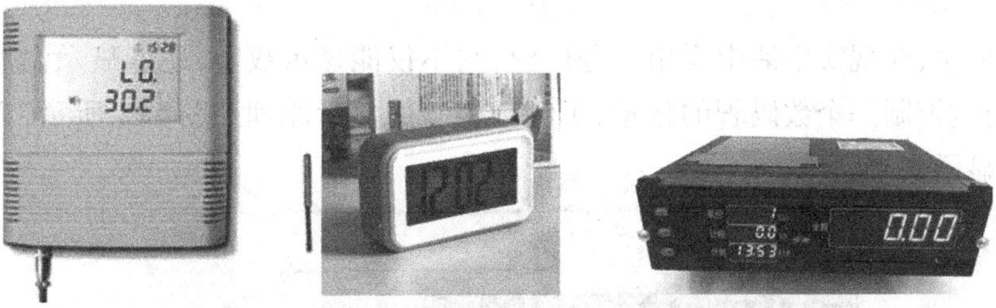


(a)温度计显示　　(b)数字表显示　　(c)出租车计价器显示

图5.1　数码管显示器的应用图

## ●知识目标

(1)了解数码管的显示原理。

(2)了解数码管显示数字0—9的原理。

(3)理解多个数码管显示的方法。

**●技能目标**

(1)会通过程序点亮数码管上的任意一条线。

(2)能根据显示代码和程序,让 LED 数码管显示 0—9。

(3)能通过对程序中地址的设置,让多个数码管显示。

**●情感目标**

(1)能激发学生分析问题、解决问题的能力。

(2)能提高学生对专业的学习兴趣。

# 任务一　控制一个数码管

## 【任务分析】

数码管显示,在现实生活中应用十分广泛,它不仅能显示数字,还能显示温度。本次任务,我们将通过控制一个数码管的显示,了解数码管的显示原理。图 5.2 所示,为控制数码管显示 1 的显示效果。

图 5.2　数码管显示效果图

## 【任务目的】

(1)了解数码管结构的组成。

(2)了解数码管的显示原理。

(3)能够通过程序控制数码管显示。

## 【任务准备工作】

(1)器材准备:51 单片机实验学习箱 1 个,8P 杜邦线两根。

(2)工具准备:电路连接图一张、作图工具一套。

## 【任务相关知识】

1. LED 数码管的结构

LED 数码管是将 8 个发光二极管封装而成的,每段为一发光二极管,其字形结构如图 5.3(a)所示。选择不同字段发光,可显示出不同的字形。例如,当 a、b、c、d、e、f、g 字段亮时,显示出字符“8”;当 a、f、g、c、d 字段亮时,显示出字符“5”。图 5.3(b)所示,为单个 LED 数码管的引脚排列图,图中 com 引脚是单个 LED 数码管的公共端。其内部结构如图 5.3 所示。

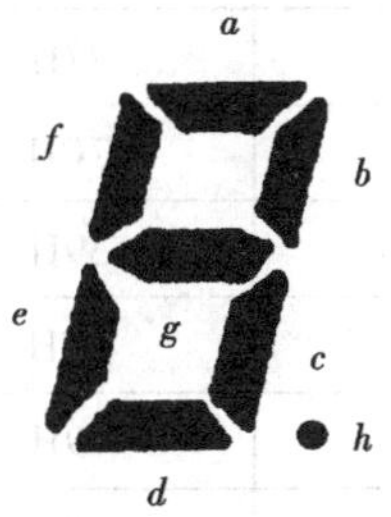

(a)字形结构

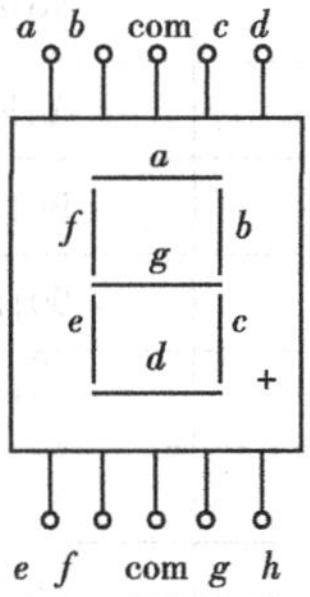

(b)引脚排列

图 5.3 数码管构成示意图

共阳极数码管——内部 8 个 LED 的阳极连接在一起,作为公共引出端;只有在公共端接高电平时,该数码管才会亮。

共阴极数码管——内部 8 个 LED 的阴极连接在一起,作为公共引出端;只有在公共端接低电平时,该数码管才会亮。

如图 5.4 所示,为 LED 数码管引脚及内部结构图。

2. 数码管的字形编码

数码管的字形编码如图 5.5、表 5.1 所示。

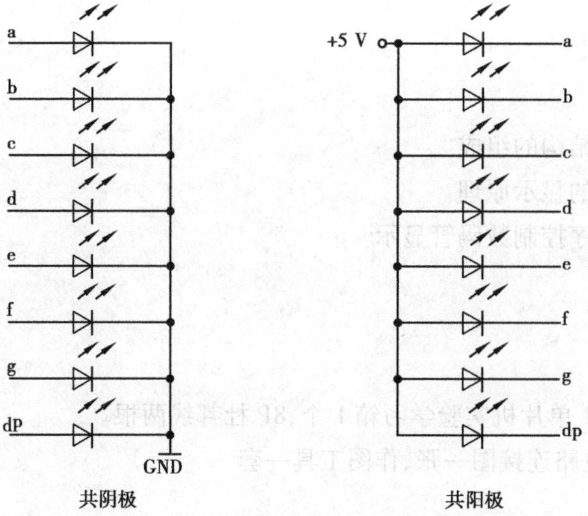


图 5.4　LED 数码管引脚及内部结构

| D7 | D6 | D5 | D4 | D3 | D2 | D1 | D0 |
|---|---|---|---|---|---|---|---|
| h | g | f | e | d | c | b | a |

图 5.5　数码管编码规则

表 5.1　LED 数码管字形编码表

| 显示字符 | 共阴极字形码 | 共阳极字形码 | 显示字符 | 共阴极字形码 | 共阳极字形码 |
|---|---|---|---|---|---|
| 0 | 3FH | C0H | 8 | 7FH | 80H |
| 1 | 06H | F9H | 9 | 6FH | 90H |
| 2 | 5BH | A4H | A | 77H | 88H |
| 3 | 4FH | B0H | B | 7CH | 83H |
| 4 | 66H | 99H | C | 39H | C6H |
| 5 | 6DH | 92H | D | 5EH | A1H |
| 6 | 7DH | 82H | E | 79H | 86H |
| 7 | 07H | F8H | F | 71H | 8EH |

3. LED 数码管的工作原理

由数码管的内部结构可以看出，共阴极电路中，N 端接地为低电平，P 端接 I/O 接口输出端，由程序控制高低电平；共阳极电路中，P 端接 5 V 电源为高电平，N 端接 I/O 接口输出端，由程序控制高低电平。根据二极管的导通特性，只要给对应发光二极管的 P 端加上一个高电平，或给 N 端加上低电平，就能点亮对应的发光二极管（即点亮数码管上对应的符号）。

例如：要控制数码管显示 1，只要 I/O 接口输出数据 00000110（0x06）即可。

## 【任务实施】

现在我们已经了解了数码管的显示原理,接下来就让我们一起来控制 LED 数码管,让其显示吧。具体操作步骤如下:

(1)熟悉并识读电路连线图,电路连接图如图 5.5 所示。

(2)根据电路连接图,按照工作任务要求,数码管显示电路是由单片机最小应用系统、一片 1 位的共阴极 LED 数码管、一片 74LS245 驱动芯片外加限流电阻 RN1 构成,如图 5.6 所示。

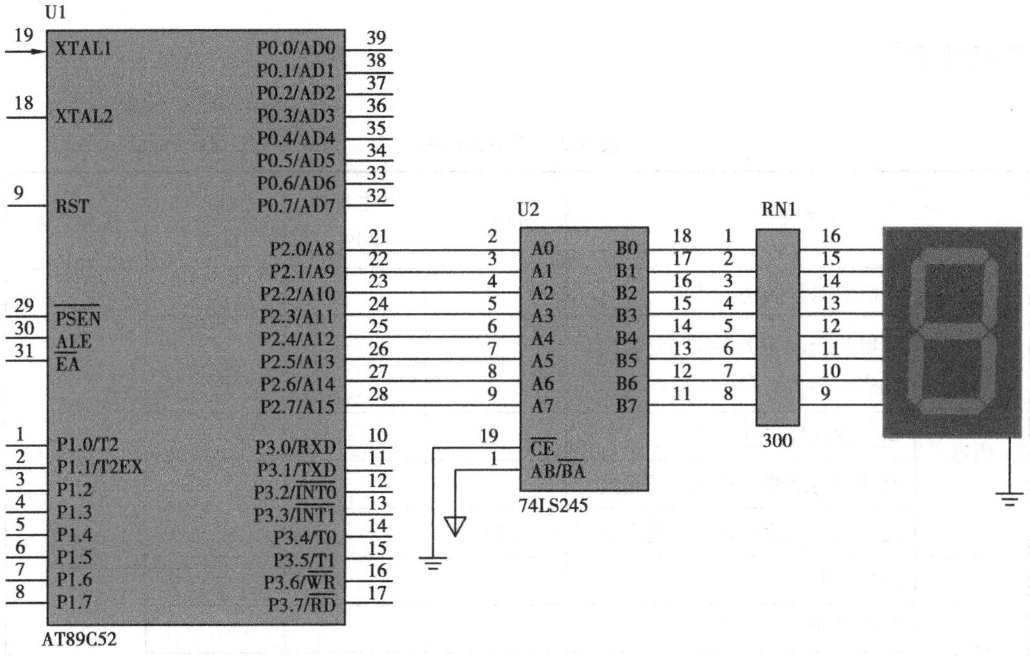


图 5.6　数码管与单片机的连接图

(3)编写控制程序。

如图 5.2 所示,控制数码管显示 1。

根据数码管的显示原理可知,如果要显示图 5.2 所示的 1,则给 b、c(22、23)脚加高电平即可(00000110、ox06)。

其参考程序如下所示:

```
#include < reg51. h >          //8051 寄存器头文件
void main( )                   //主函数
{
    P2 = ox06;                 //给 p2 整个端口赋值为 ox06
    while(1);                  //让输出始终为一
}
```

## 【知识拓展】

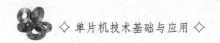

通过本次任务可以发现,数码管最终是需要通过编码进行显示的,其编码方式有共阴极、共阳极两种。

(1)共阴极:把字符 0、1、2、3、4、5、6、7、8、9 分别编为字形码 3FH、06H、5BH、4FH、66H、6DH、7DH、07H、7FH、6FH。这种编码方式要求 LED 的 N 端接地,P 接 I/O 接口输出。

(2)共阳极:把字符 0、1、2、3、4、5、6、7、8、9 分别编为字形码 C0H、F9H、A4H、B0H、99H、92H、82H、F8H、80H、90H。这种编码方式要求 LED 的 P 端接 5 V 电源,N 接 I/O 接口输出。

## 【任务评价】

表 5.2　任务评价表

| 任务检测 | | 分值/分 | 学生自评(40%) | 老师评估(60%) | 任务总评 |
|---|---|---|---|---|---|
| 任务知识内容 | 了解数码管的基本结构 | 10 | | | |
| | 理解数码管显示原理并熟悉编码表 | 15 | | | |
| | 电路连接规范且无误 | 15 | | | |
| | 程序编写结构正确且编译无误 | 20 | | | |
| | 按要求控制数码管显示任意数 | 20 | | | |
| 现场管理 | 出勤情况 | 5 | | | |
| | 机房纪律 | 5 | | | |
| | 团队协作精神 | 5 | | | |
| | 保持机房卫生 | 5 | | | |

## 【思考与练习】

(1)如何利用程序控制,使数码管显示 5?

(2)如何利用程序控制,使数码管显示 9?

# 任务二　控制单个数码管循环显示 0—9

## 【任务分析】

在任务一中实现了数码管的显示，如果数码管只用来显示，就实在没有多大价值。在日常生活中，我们所见到的数码管，大多都是用来显示数字的。本次任务将让数码管循环显示 0—9，图 5.7 为数字“8”的显示效果图。

图 5.7　数码管显示数字“8”的效果图

## 【任务目的】

(1)了解数码管循环显示的原理。
(2)知道 0—9 数码管的显示代码。
(3)会使用数码管循环显示。

## 【任务准备工作】

(1)器材准备：51 单片机实验学习箱 1 个，8P 杜邦线两根。
(2)工具准备：电路连接图一张、作图工具一套、笔一支。

## 【任务相关知识】

0—9 数码管字模数据的提取。

图 5.8　“1”在数码管上的显示图

要在数码管上循环显示的关键在于，根据 0—9 方式正确计算出数字在数码管上的字模数据。

在此使用的是共阴极 LED 数码管。如图 5.8 所示，数码管上(1 为例)红色的点表示需要被点亮的点，根据点阵内部结构图可知，为高电平有效。下面就对 0—9 在数码管中的字模数据进行分析：

在计算时，从高电位到低电位排列。

0：g、h 不亮，从高到低 0011 1111(0x3f)。

1：b、c 亮，高到低依次为 0000 0110(0x06)。

2:a、b、e、d、g 亮，数据依次为 0101 1011(0x5b)。

3:a、b、c、d、g 亮，数据依次为 0100 1111(0x4f)。

同理：

4 为 0110 0110(0x66);5 为 0110 1101(0x6d)。

6 为 0111 1101(0x7d);7 为 0000 0111(0x07)。

8 为 0111 1111 (0x7f);9 为 0110 1111 (0x6f)。

由此可得出“0—9”的数据为:0x3f、0x06、0x5b、0x4f、0x66、0x6d、0x7d、0x07、0x7f、0x6f。

## 【任务实施】

(1)电路连接与任务一中的电路连接完全相同,电路连接图如图 5.5 所示。在连线时,注意点阵上的引脚顺序与单片机输出口的顺序一一对应。

(2)编译程序。参考程序如下所示:

```
#include <reg51.h>                        //8051 寄存器头文件
void delay( )                             //延时函数
{   unsigned int y;
   for(y =0;y <5000;y + + );
}
void main( )                              //主函数
{    int i;
        unsigned    char a[10] = {0x3f、0x06、0x5b、0x4f、
0x66、0x6d、0x7d、0x07、0x7f、0x6f};       //0—9 的数码
while(1)                                  //一直循环
{
  for(i =0;i <10;i + + )                  //0—9 循环
   {
      P2 = a[i];                          //把段码从 p2 接口输出
        delay( );                         //函数调用
      }
   }
}
```

## 【知识拓展】

共阳极数码管循环的显示。

1. 共阳极数码管与共阴极数码管的区别与联系

共阳极数码管与共阴极数码管在循环显示方法上基本相同，共阳极或共阴极其实就是公共端接得不一样而已，一个接 5 V 电源、一个接地。

2. 共阳极数码管字模数据

由图 5.5 可看出共阳极数码管与共阴极数码管因公共端的接法不同，从而导致 I/O 接口输出电平的高低不同。共阳极数码管输出低电平有效，共阴极数码管则要输出高电平才有效。

共阳极数码管循环显示，在显示的时候仍是逐行或逐列进行扫描从 0—9 显示。段码分别为：

0：g、h 不亮，从高到低 1100 0000（0xc0）。

1：b、c 亮，从高到低依次为 1111 1001（0xf9）。

2：a、b、e、d、g 亮，数据依次为 1010 0100（0xa4）。

3：a、b、c、d、g 亮，数据依次为 1011 0000（0xb0）。

以此类推。

## 【任务评价】

表 5.3　任务评价表

| 任务检测 | | 分值/分 | 学生自评（40%） | 老师评估（60%） | 任务总评 |
|---|---|---|---|---|---|
| 任务知识内容 | 了解数码管循环显示原理 | 10 | | | |
| | 会根据不同数字计算 LED 数码管显示代码 | 20 | | | |
| | 电路连接规范且无误 | 15 | | | |
| | 程序编写结构正确且编译无误 | 15 | | | |
| | 能按要求实现数码管的循环显示 | 20 | | | |
| 现场管理 | 出勤情况 | 5 | | | |
| | 机房纪律 | 5 | | | |
| | 团队协作精神 | 5 | | | |
| | 保持机房卫生 | 5 | | | |

【思考与练习】

(1)写出“0—9”在共阳极方式下的显示代码。

(2)如何利用共阳极方式控制数码管循环显示“0—9”?

# 任务三　控制4个数码管的显示

【任务分析】

通过前面两个任务,相信大家对LED数码管显示的基本原理已有所了解。同时对于LED数码管的循环显示也已经能够掌握。通过观察我们不难发现,在日常生活中常常不止用一个数码管来进行显示,本次任务就是要控制4个数码管滚动显示。

【任务目的】

(1)进一步熟悉LED数码管显示原理以及字符代码的计算。

(2)理解LED数码管循环显示的方法。

(3)会控制多个数码管滚动显示。

【任务准备工作】

(1)器材准备:51单片机实验学习箱1个,8P杜邦线两根。

(2)工具准备:电路连接图一张、作图工具一套。

【任务相关知识】

4个数码管动态显示与任务二中的静态显示方式基本一致,唯一不同的是动态显示要对多个数码管的代码进行拆分。

1.动态显示

一位一位地轮流点亮各位数码管的显示方式。即在某一时段,只选中一位数码管的“位选端”,并送出相应的字形编码,在下一时段按顺序选通另外一位数码管,并送出相应的字形编码。依此规律循环下去,即可使各位数码管分别间断地显示出相应的字符。这一过程称为动态扫描显示。

2. 多个数码管动态显示功能实现分析

动态扫描，即逐个控制各个数码管的 COM 端，使各个数码管轮流点亮。在轮流点亮数码管的扫描过程中，每位数码管的点亮时间极为短暂（约 1 ms）。但由于人的视觉暂留现象及发光二极管的余辉，给人的印象就是一组稳定的显示数据。

3. 动态扫描优缺点

（1）优点。

可以节省 I/O 端口资源，硬件电路也较简单。

（2）缺点。

显示稳定度不如静态显示方式，占用了更多的 CPU 时间。

## 【任务实施】

（1）对照电路图连接电路，如图 5.9 所示。

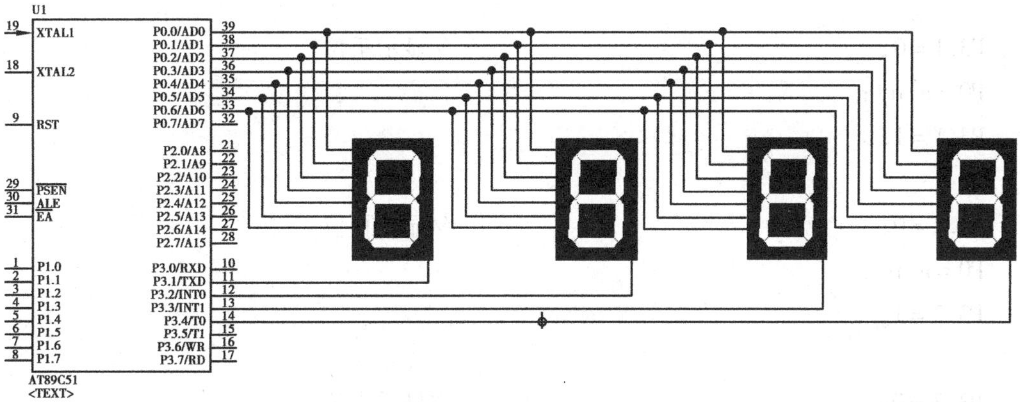

图 5.9　4 个数码管显示

（2）程序编译和下载。参考程序如下所示：

```
#include <reg51. h>                         //8051 寄存器头文件
unsigned char a[10] = {0x3f、0x06、0x5b、0x4f、
0x66、0x6d、0x7d、0x07、0x7f、0x6f};          //0—9 数码

void delay()                                //延时函数
{
unsigned int i;
for(i =0;i <5000;i + +);
}
Void jia()                                  //数字加 1
```

```
{
  Int Count =0;
 count = count +1;
 If( count = =10000)
   Count =0;
}
Void chai( )                              //把数字拆分为位数
{
q = count/1000;                           //千位
b = count% 1000/100;                      //百位
s = count% 100/10;                        //十位
g = count% 10;                            //个位
}
Void xian( )                              //显示数字
{
P3.1 =0;                                  //显示千位
P0 = a[q];
P3.1 =1;

P3.2 =0;                                  //显示百位
P0 = a[b];
P3.2 =1;

P3.3 =0;                                  //显示十位
P0 = a[s];
P3.3 =1;

P3.4 =0;                                  //显示个位
P0 = a[g];
P3.4 =1;
}
void main( )                              //主函数
{
while(1)
{
jia( );
```

```
chai();
xian();
delay();
    }
}
```

## 【任务评价】

表 5.4 任务评价表

| 任务检测 | | 分值/分 | 学生自评（40%） | 老师评估（60%） | 任务总评 |
|---|---|---|---|---|---|
| 任务知识内容 | 电路连接规范且无误 | 15 | | | |
| | 程序编写结构正确且编译无误 | 20 | | | |
| | 数码管能显示 | 20 | | | |
| | 按要求控制数码管显示 | 25 | | | |
| 现场管理 | 出勤情况 | 5 | | | |
| | 机房纪律 | 5 | | | |
| | 团队协作精神 | 5 | | | |
| | 保持机房卫生 | 5 | | | |

## 【思考与练习】

如何控制 4 个共阳极数码管显示“0—9999”？

# 任务四　控制 8 个数码管的显示

## 【任务分析】

通过学习任务三，大家对控制 4 个数码管显示的基本原理已经掌握了。那么控制 8 个数码管的显示和控制 4 个数码管的显示有什么不同呢？本次任务就来学习控制 8 个数码管显示 1—8。

## 【任务目的】

(1)进一步熟悉 LED 数码管动态显示原理及方法。

(2)理解 LED 数码管一直不变的显示方法。

(3)会控制多个数码管静态显示不同的数字。

## 【任务准备工作】

(1)器材准备:51 单片机实验学习箱 1 个,8P 杜邦线两根。

(2)工具准备:电路连接图一张、作图工具一套。

## 【任务相关知识】

8 个数码管动态显示与 4 个数码管动态显示的方式基本一样,唯一不同的是,一个是一直不变地显示,一个是循环显示。

1. 数码管的选择

一位一位地轮流点亮各位数码管的显示方式。即在某一时段,只选中一位数码管的“位选端”,并送出相应的字形编码,在下一时段按顺序选通另外一位数码管,并送出相应的字形编码,同时锁定上一个数码管的值。依此规律下去,即为数码管的选择。

2. 数码管段位的选择

在共阴极数码管中,只有在公共端为低电平时,数码管才会亮。所以在多个数码管中,要选择的数码管所对应的公共端应为低电平。如图 5.9 所示,要第一个数码管亮,那么它的编码就是 0111 1111(即 0x7f)。

## 【任务实施】

(1)对照电路图连接电路,如图 5.10 所示。

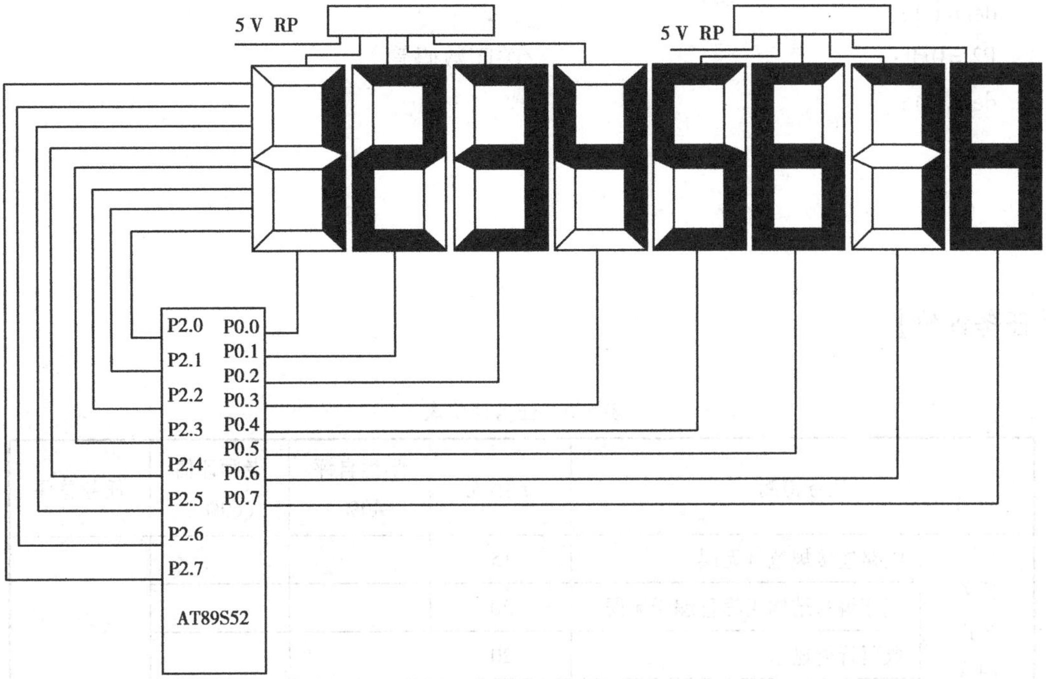


图 5.10 数码管显示 1—8

(2)程序编译和下载。参考程序如下所示:

```
#include <reg51.h>                    //8051 寄存器头文件
unsigned char a[10] = {0x3f、0x06、0x5b、0x4f、
0x66、0x6d、0x7d、0x07、0x7f、0x6f};    //0—9 编码
unsigned char b[8] = {0x7f,0xbf,0xdf,0xef,0xf7,0xfb,0xfd,0xfe};//数码管选码
void delay( )                         //延时函数
{
unsigned int i;
for(i = 0;i < 100;i + + );
}
void main( )                          //主函数同时显示 1—8
{
unsigned int j;
while(1)
{
  for(j = 1;j < 9;j + + )
   {
P0 = a[j];
P2 = b[j - 1];                        //打开数码管
```

```
delay( );
P2 = 0xff;                               //关闭数码管
delay( );
    }
  }
}
```

## 【任务评价】

表 5.5　任务评价表

| 任务检测 | | 分值/分 | 学生自评（40%） | 老师评估（60%） | 任务总评 |
|---|---|---|---|---|---|
| 任务知识内容 | 电路连接规范且无误 | 15 | | | |
| | 程序编写结构正确且编译无误 | 20 | | | |
| | 数码管能显示 | 20 | | | |
| | 按要求控制数码管相应的显示 | 25 | | | |
| 现场管理 | 出勤情况 | 5 | | | |
| | 机房纪律 | 5 | | | |
| | 团队协作精神 | 5 | | | |
| | 保持机房卫生 | 5 | | | |

## 【思考与练习】

如何控制 8 个数码管显示“2—9”？

# 项目六

# 点阵显示控制

LED 点阵显示广泛应用，于日常生活中，如车站车次显示屏、广告显示屏及各单位用的显示屏等。点阵显示屏的出现，让我们的生活不再盲目，同时也给我们的生活增添了一分色彩。图 6.1 所示为部分点阵显示屏的应用。

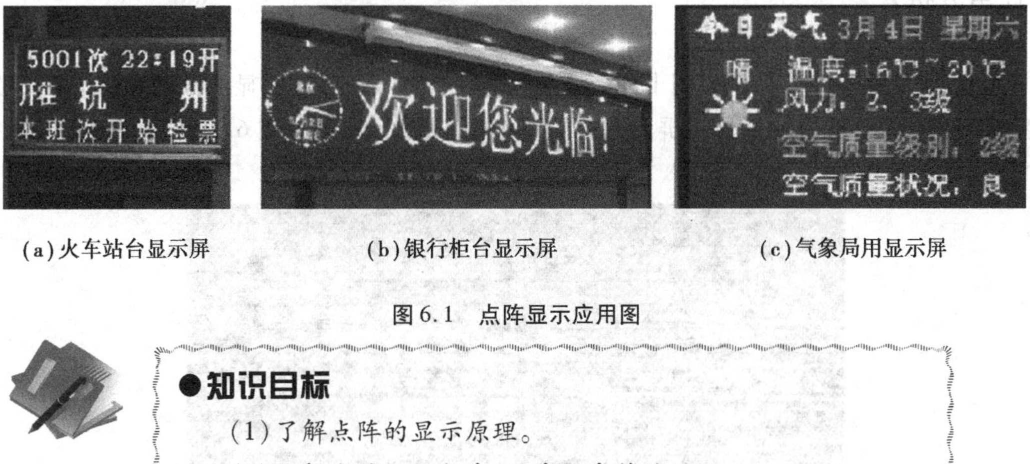


(a)火车站台显示屏　(b)银行柜台显示屏　(c)气象局用显示屏

图 6.1　点阵显示应用图

**●知识目标**

(1)了解点阵的显示原理。

(2)了解点阵显示数字、汉字及字符的原理。

(3)理解点阵动态显示汉字的方法。

**●技能目标**

(1)能通过程序,点亮点阵上的任意一个点。

(2)能根据显示代码和程序,使8×8点阵显示数字和汉字。

(3)能通过对程序中地址的设置,使点阵动态显示数字和汉字。

**●情感目标**

(1)能激发学生分析问题、解决问题的能力。

(2)能提高学生对专业的学习兴趣。

## 任务一　点亮点阵各个点

### 【任务分析】

点阵显示在现实生活中应用十分广泛,它不仅能显示数字,还能显示汉字和图形。本次任务,我们将通过点亮点阵显示屏上的点,了解点阵的显示原理。图6.2所示为点亮点阵4个点的显示效果。

图6.2　点阵发光效果图

## 【任务目的】

(1)了解点阵的结构组成。

(2)了解点阵的显示原理。

(3)能够通过程序控制,点亮点阵上的每个点。

## 【任务准备工作】

(1)器材准备:51 单片机实验学习箱 1 个,8P 杜邦线两根。

(2)工具准备:电路连接图一张、作图工具一套。

## 【任务相关知识】

1. 8×8 点阵显示屏的结构

8×8 点阵显示屏由 64 个点构成,其构成图如图 6.3 所示。而点阵显示上的每一个点,都对应着一个发光二极管,其内部结构如图 6.4 所示。

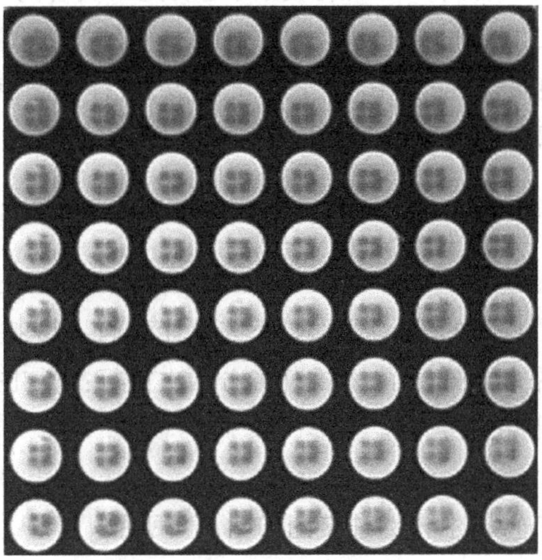

图 6.3　8×8 点阵显示屏实物图

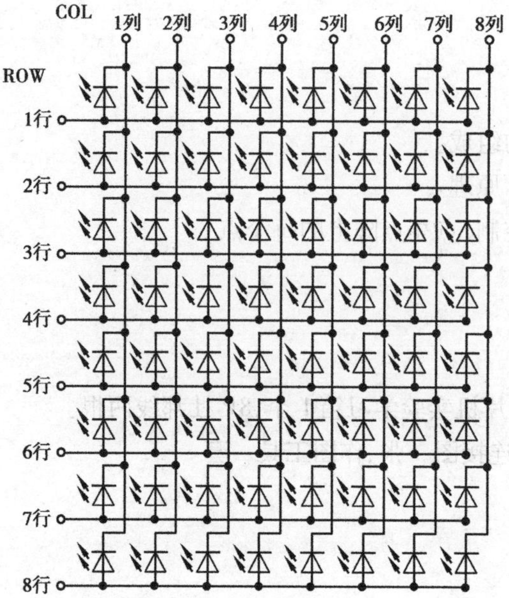


图 6.4　点阵内部结构图

2. 8×8 点阵显示屏的工作原理

由点阵的内部结构可以看出，ROW（行）接的是发光二极管的 P 端，COL（列）接的是发光二极管的 N 端。根据二极管的导通特性，只要给对应发光二极管的 ROW 端加上一个高电平，给 COL 端加上低电平，就能点亮对应的发光二极管（即点亮点阵上对应的点）。例如：要点亮点阵上的第一个点，只要传送数据 ROW1 = 1，COL1 = 0 即可。

## 【任务实施】

现在我们已经了解了点阵的显示原理，接下来就让我们一起来控制点阵显示屏，让其显示吧。为了让大家逐步深入点阵显示，本次任务分两次进行：①如图 6.2 所示，点亮点阵的 4 个点；②依次分别点亮点阵的各个点。

具体操作步骤如下：

（1）熟悉并识读电路连线图，电路连接图如图 6.5 所示。

（2）根据电路连接图，用 8P 杜邦线将点阵的行数据 R1—R8 与单片机 P0.0—P0.7 对应相连接，点阵列数据 C1—C8 与单片机 P2.0—P2.7 对应相连接。

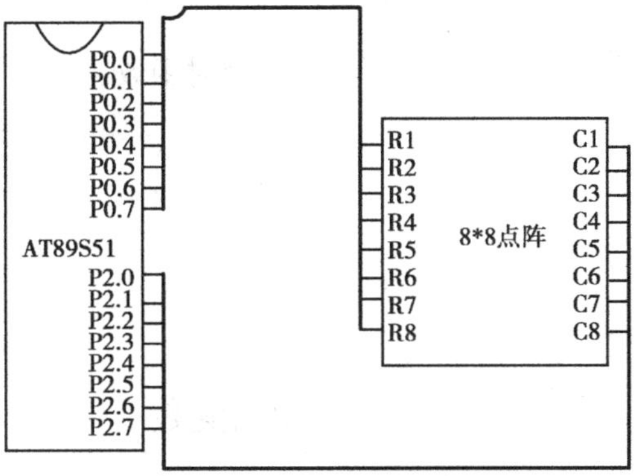


图 6.5　点阵与单片机连接图

(3)编写控制程序。

①如图 6.2 所示,点亮点阵的 4 个点。

根据点阵的显示原理可知,如果要点亮图 6.2 所示的 4 个点,则需分别给 R1,R2 加上高电平,给 C1,C2 加上低电平。其参考程序如下所示:

```
#include <reg51.h>                    //8051 寄存器头文件
#define R_data P0                     //端口定义,R_data 为行端口数据
#define C_data P2                     //端口定义 C_data 为列端口数据
void main( )
{
   while(1)
   {
     R_data =0x03;
     C_data =0xFC;
   /* P0 口输出 8 位二进制数 0000 0011(即 0x03)给第一、第二行一个高电平;P2 口
输出 8 位二进制数 1111 1100(即 0xFC)给第一、第二列一个低电平 */
     }
}
```

②依次分别点亮点阵的各个点。

依次点亮点阵上的每个点,可分为两种方式:一是横排依次点亮;二是竖列依次点亮。本次任务以横排依次点亮为例,其参考程序如下:

```
#include <reg51.h>                    //8051 寄存器头文件
#define R_data P0                     //端口定义,R_data 为行端口数据
#define C_data P2                     //端口定义 C_data 为列端口数据

unsigned char hang,lie;               //定义行、列两个变量
```

```
void delay(void )                       //延时函数
{
unsigned int i;
for(i = 0;i < 50000;i + +);
}

void main( )                            //主函数
{
while(1)
    {
        for(hang = 0;hang < 8;hang + +)  //行选择
        {
         R_data = ~(0x01 < < hang);     //从上到下选择行
          for(lie = 0;lie < 8;lie + +)   //列选择
           {
            C_data = ~(0x01 < < lie);   //从左到右扫描列
           delay();                     //调用延时函数
            }

         }
      }
}
```

## 【知识拓展】

通过本次任务可以发现,点阵最终是需要通过扫描的方式进行显示,其扫描方式有点扫描、行扫描和列扫描 3 种。

(1)点扫描:让点阵上的点按顺序一个接一个地点亮。这种扫描方式,要求其扫描频率必须大于 16 ×64 Hz = 1 024 Hz,周期小于 1 ms。

(2)行扫描:选择某一行,然后在列上送字模数据,使点阵一行的点按要求点亮,如图 6.6(a)所示。这种扫描方式要求频率必须大于 16 ×8 Hz = 128 Hz,周期必须小于 7.8 ms,方符合视觉暂留要求。

(3)列扫描:选择某一列,然后在行上送字模数据,让点阵一列的点按要求点亮,如图 6.6(b)所示。这种扫描方式同样要求频率必须大于 16 ×8 Hz = 128 Hz,周期必须小于 7.8 ms。

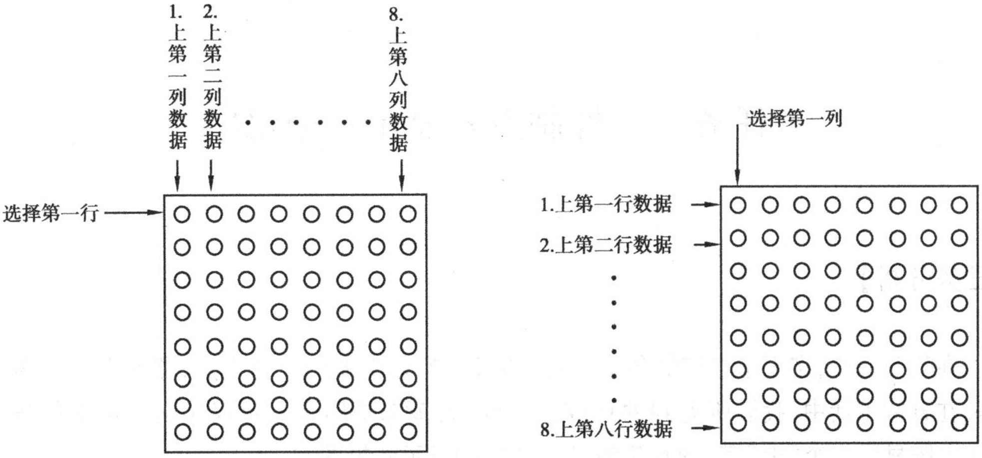


(a)点阵行扫描　　(b)点阵列扫描

图 6.6　点阵扫描示意图

## 【任务评价】

表 6.1　任务评价表

| 任务检测 | | 分值/分 | 学生自评（40%） | 老师评估（60%） | 任务总评 |
|---|---|---|---|---|---|
| 任务知识内容 | 了解点阵的基本结构 | 10 | | | |
| | 理解点阵发光原理并熟悉扫描方式 | 15 | | | |
| | 电路连接规范且无误 | 15 | | | |
| | 程序编写结构正确且编译无误 | 20 | | | |
| | 按要求点亮点阵上的任意点 | 20 | | | |
| 现场管理 | 出勤情况 | 5 | | | |
| | 机房纪律 | 5 | | | |
| | 团队协作精神 | 5 | | | |
| | 保持机房卫生 | 5 | | | |

## 【思考与练习】

(1)如何利用程序控制点亮点阵显示屏上的第 7、第 8 行上的所有点?

(2)如何利用程序控制点亮点阵显示屏上的第 1、第 2 列上的所有点?

# 任务二　控制点阵显示一个汉字

## 【任务分析】

在任务一中,实现了点阵的各个点亮,如果点阵只用来点亮各个点,那实在没有多大价值。在日常生活中,我们所见到的点阵显示屏,大多都是用来显示汉字的。本次任务将让 8×8点阵显示一个“电”字,图6.7 为汉字“电”的显示效果图。

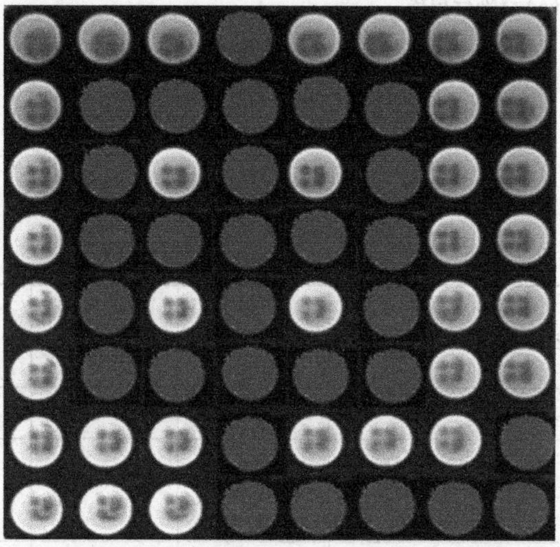

图6.7　点阵显示汉字“电”的效果图

## 【任务目的】

(1)了解点阵显示文字的原理。

(2)会算 8×8 点阵的显示代码。

(3)会使用点阵显示汉字。

## 【任务准备工作】

(1)器材准备:51 单片机实验学习箱 1 个,8P 杜邦线两根。

(2)工具准备:电路连接图一张、作图工具一套、笔一支。

## 【任务相关知识】

**8×8 点阵字模数据的提取**

点阵上显示数字或汉字的关键，在于根据扫描方式正确计算出数字或汉字在点阵上的字模数据。

"电"字在点阵上的分布如图 6.8 所示。点阵上黑色的点表示需要被点亮的点，根据点阵内部结构图可知，行为高电平有效，列为低电平有效。下面就列扫描方式，对"电"字在 8×8点阵中的字模数据进行分析。

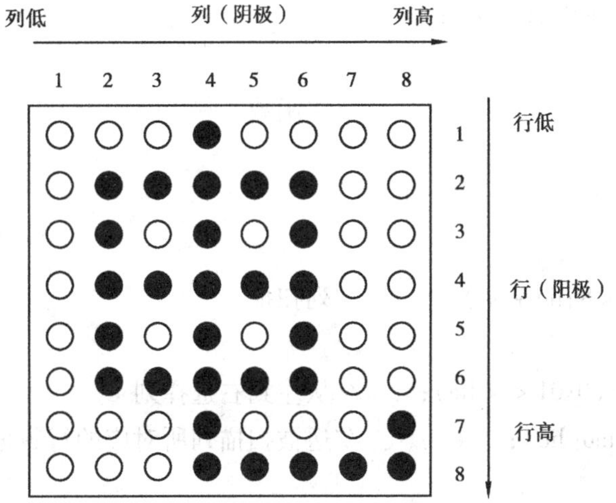


**图 6.8　"电"字在点阵上的分布图**

采取列扫描时，列从低到高扫描，行从高位到低位算数据。

第一列：所有点都没点亮，行从高到低全为 0，即 0000 0000(0x00)。

第二列：第 2—6 行点亮，行从高到低依次为 0011 1110(0x3E)。

第三列：第 2、4、6 行点亮 ，行数据依次为 0010 1010(0x2A)。

第四列：所有点全亮，行从高到低依次为 1111 1111(0xFF)。

同理：

第五列为 1010 1010(0xAA)；第六列为 1011 1110(0xBE)。

第七列为 1000 0000(0x80)；第八列为 1100 0000(0xC0)。

由此可得出"电"字列扫描时的数据为：0x00，0x3E，0x2A，0xFF，0xAA，0xBE，0x80，0xC0。

## 【任务实施】

(1)电路连接与任务一中的电路连接完全相同，电路连接图如图 6.5 所示。在连线时，注意点阵上的引脚顺序与单片机输出口的顺序一一对应。

(2)编译程序。参考程序如下所示:

```
#include <reg51.h>                     //8051 寄存器头文件
#define R_data P0                      //端口定义,R_data 为行端口数据
#define C_data P2                      //端口定义 C_data 为列端口数据
unsigned char hang,lie;                //定义行、列两个变量
unsigned char code zimo[8] = {0x00,0x3E,0x2A,0xFF,0xAA,0xBE,0x80,0xC0};
                                       //汉字“电”的字模数据
void delay(void)                       //延时函数
{  unsigned int i;
   for(i =0;i <50000;i + + );}

void main( )                           //主函数
{
while(1)
{
  for(lie =0;lie <8;lie + + )          //列扫描
   {
     C_data = ~(0x01 < <lie);          //从左到右选择列
     R_data = zimo[lie];               //送被扫描列所对应的行数据
    delay( );
    }
  }
}
```

## 【知识拓展】

**16×16 点阵汉字的显示**

1. 16×16 点阵与 8×8 点阵汉字的区别与联系

16×16 与 8×8 点阵汉字在扫描方式上基本相同,16×16 或 8×8,其实就是构成一个汉字或数字的像素,在字号相同的条件下,16×16 点阵所显示出来的汉字或数字,要比 8×8 点阵显示出来的汉字或数字清晰一倍。

2. 16×16 点阵的结构

16×16 点阵显示一个汉字共需要 16 行和 16 列,因此它由 4 个 8×8 点阵显示屏构成。点阵显示效果图如图 6.9 所示。

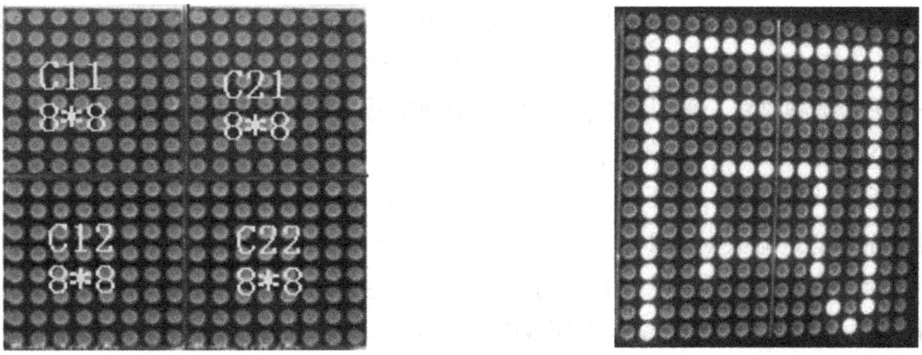


(a) 16×16点阵构成图　　(b) 16×16点阵显示效果图

图 6.9

3. 16×16 点阵的控制

由图 6.9 可看出，一个 16×16 点阵汉字至少需要 16 个单片机 I/O 去控制行，还至少需要 16 个单片机 I/O 去控制列。这样一来，要显示一个汉字就用了 32 个 I/O 口，为了减少对单片机 I/O 口的占用，可以用地址所存器对点阵进行控制，其控制原理图如图 6.10 所示。

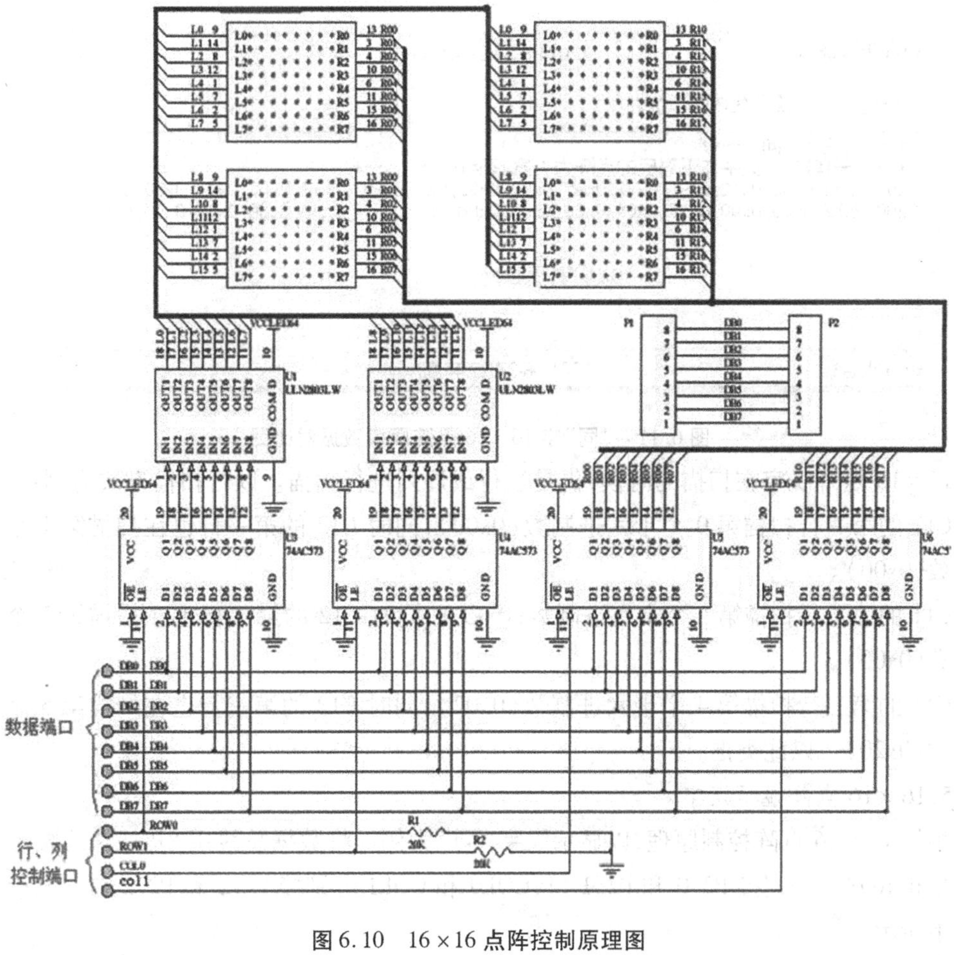


图 6.10　16×16 点阵控制原理图

从图 6.10 中可看出，该点阵是利用芯片 74AC573 进行地址所存，ROW0 和 ROW1 分别控制高、低 8 行地址（高电平有效），COL0 和 COL1 分别控制高、低 8 列地址（高电平有效），DB0—DB7 为数据总线。采用该控制方法，有效地降低了单片机 I/O 口的占用率。

4. 16×16 点阵字模数据及扫描

由图 6.9(b) 可看出，一个字占了 4 个 8×8 点阵。而从前面的任务中可知，每个 8×8 点阵共需 8 个十六进制数据，所以一个 16×16 点阵汉字共需扫描 4×8=32 个十六进制数据。其显示汉字数据通过字模提取软件进行提取。需要注意的是，在进行数据提取时须根据程序设计扫描方式的不同，选择横向取模或纵向取模。图 6.11 所示为 16×16 点阵“同”字的横向和纵向取模数据截图。

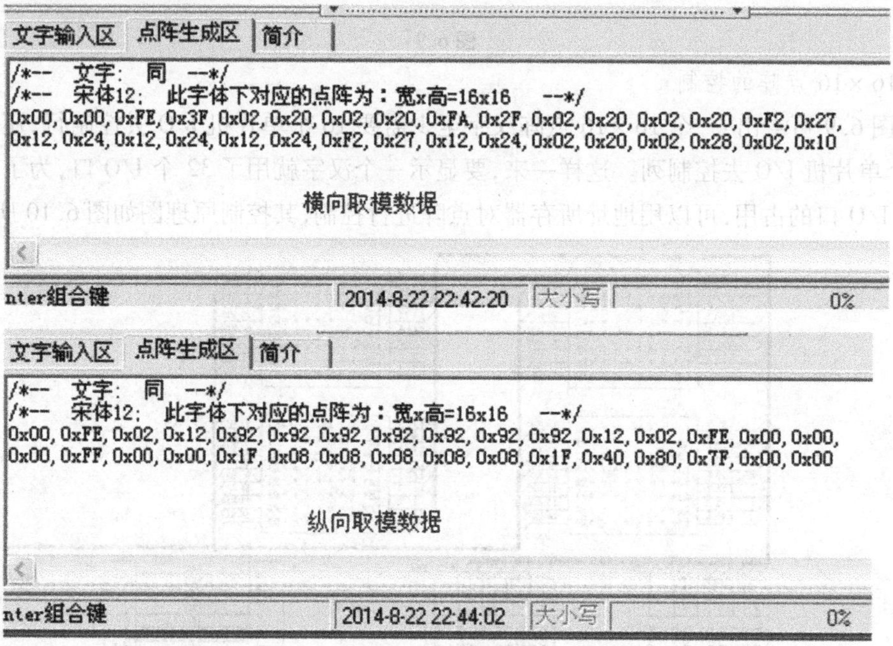


图 6.11 “同”字 16×16 点阵取模数据对比图

16×16 点阵汉字在扫描的时候，仍是逐行或逐列进行扫描。以行扫描方式为例：

C11 的第一行扫描第 0 个十六进制数(0x00)，同时 C12 的第一行也在扫描第 1 个十六进制数(0x00)。

C11 的第二行扫描第 2 个十六进制数(0xFF)，同时 C12 的第二行也在扫描第 3 个十六进制数(0x00)。

C11 的第三行扫描第 4 个十六进制数(0x02)，同时 C12 的第三行也在扫描第 5 个十六进制数(0x20)。以此类推。

5. 16×16 点阵显示汉字

根据 16×16 点阵控制原理，以显示汉字“同”为例。将数据总线用 8P 杜邦线接 P0 口，ROW0 和 ROW1 分别接 P2.0 和 P2.1 口，COL0 和 COL1 分别接 P2.2 和 P2.2 口。其参考程序如下所示：

```
#include <reg51.h>
sbit row0 = P2^0;
sbit row1 = P2^1;
sbit col0 = P2^2;
sbit col1 = P2^3;
unsigned char code ziku[] =
{
/*-- 文字: 同 --*/
/*-- 宋体12; 此字体下对应的点阵为:宽x高=16x16 --*/
0x00,0x00,0xFE,0x3F,0x02,0x20,0x02,0x20,0xFA,0x2F,0x02,0x20,0x02,0x20,0xF2,
0x27,0x12,0x24,0x12,0x24,0x12,0x24,0xF2,0x27,0x12,0x24,0x02,0x20,0x02,0x28,
0x02,0x10
};                                  //"同"字的16×16点阵字模,横向取模,字节倒序
void delay(unsigned char i)         //简单延时函数
{
      while(--i);
}

void display(void)                  //显示函数
{
unsigned char i;
for(i=0;i<16;i++)
   {
P0=0x00;                            //清屏

col0=col1=col2=col3=row0=row1=1;
col0=col1=col2=col3=row0=row1=0;
P0=0x01<<(i%8);                     //循环左移8位 即从右往左扫描
   if(i<8)
   {
   row0=1;
   row0=0;                          //低8行
   }
else
{
row1=1;
```

```
    row1 =0;                        //高 8 行
    }
    P0 = ziku[2 * i];               //低 8 列扫描字库中的偶数位
    col0 =1;
    col0 =0;
    P0 = ziku[2 * i +1];            //高 8 列扫描字库中的奇数位
    col1 =1;
    col1 =0;

    }
    }
    void main(void)                 //主函数
    {
        while(1)
        {
        display();                  //调用显示函数
        }
    }
```

## 【任务评价】

表 6.2 任务评价表

| 任务检测 | | 分值/分 | 学生自评（40%） | 老师评估（60%） | 任务总评 |
|---|---|---|---|---|---|
| 任务知识内容 | 了解点阵汉字显示原理 | 10 | | | |
| | 会根据不同扫描方式算 8 ×8 点阵汉字显示代码 | 20 | | | |
| | 电路连接规范且无误 | 15 | | | |
| | 程序编写结构正确且编译无误 | 15 | | | |
| | 能按要求让点阵显示任意汉字 | 20 | | | |
| 现场管理 | 出勤情况 | 5 | | | |
| | 机房纪律 | 5 | | | |
| | 团队协作精神 | 5 | | | |
| | 保持机房卫生 | 5 | | | |

## 【思考与练习】

(1)写出汉字“电”在行扫描方式下的显示代码。

(2)如何利用行扫描方式控制 8×8 点阵显示汉字“电”?

(3)控制 8×8 点阵显示数字“3”。

# 任务三 控制点阵显示动态的汉字

## 【任务分析】

通过前面两个任务,相信大家对 8×8 点阵的基本原理有所了解,同时掌握了用 8×8 点阵显示一个汉字或数字等。通过观察,我们不难发现,在日常生活中,点阵几乎都是显示的流动汉字(即动态显示)。本次任务就是用一个 8×8 点阵动态显示汉字“电子”。

## 【任务目的】

(1)进一步熟悉 8×8 点阵的显示原理以及字符代码的计算。

(2)理解 8×8 点阵动态显示汉字的方法。

(3)能控制 8×8 点阵滚动显示多个汉字。

## 【任务准备工作】

(1)器材准备:51 单片机实验学习箱 1 个,8P 杜邦线两根。

(2)工具准备:电路连接图一张,作图工具一套。

## 【任务相关知识】

**C 语言二维数组的应用**

8×8 点阵汉字动态显示,与任务二中静态显示汉字的方式基本一致,唯一不同的是,动态显示要对多个汉字的字符代码进行扫描,在传送数据时通过二维数组来完成。

1. 二维数组的一般形式

类型说明符 数组名[常量表达式 1][常量表达式 2]

常量表达式1:表示数组的行数(可以为空,说明可有任意行)。

常量表达式2:表示数组的列数(必须有常量,体现每行元素的个数)。

如:int a[3][4]

说明了一个3行4列的整型数组,其数组名为a。该数组的下标量共有3×4个,即

a[0][0], a[0][1], a[0][2], a[0][3]
a[1][0], a[1][1], a[1][2], a[1][3]
a[2][0], a[2][1], a[2][2], a[2][3]

2. 二维数组的初始化

二维数组初始化,也是在类型说明时,给各下标变量赋以初值。二维数组可按行分段赋值,也可按行连续赋值。例如对数组a[5][3],按行分段赋值可写为:

int a[5][3] = { {80,75,92},{61,65,71},{59,63,70},{85,87,90},{76,77,85} };

按行连续赋值可写为:

int a[5][3] = { 80,75,92,61,65,71,59,63,70,85,87,90,76,77,85};

3. 二维数组元素的引用

二维数组元素也称为双下标变量,其表示形式为:

数组名[下标1][下标2]

下标1:表示选择数组元素中的具体行。

下标2:表示选择数组元素中的具体列。

如:a[2][1]表示取的二维数组中第2行第1个元素,即为63。

注意:数组中无论是行还是列,都是从0开始计数。

## 【任务实施】

(1)对照电路图连接电路。电路图同任务一,如图6.5所示。

(2)程序编译和下载。参考程序如下所示:

```
#include <reg51.h>                      //8051寄存器头文件
#define R_data P0                       //端口定义,R_data为行端口数据
#define C_data P2                       //端口定义C_data为列端口数据
unsigned char lie,zi;                   //定义行、列两个变量
unsigned char code zimo[ ][8] = {
{0x00,0x3E,0x2A,0xFF,0xAA,0xBE,0x80,0xC0},   /*"电"字*/
{0x09,0x09,0x89,0xFD,0x0A,0x0A,0x09,0x18}    /*"子"字*/
};

void delay(void)                        //延时函数
{
```

```
unsigned int i;
for(i =0;i <50000;i + +);
}
void main( )                              //主函数
{
while(1)
{
  for(zi =0;zi <2;zi + +)                 //字的个数
   {
     for(lie =0;lie <8;lie + +)           //列扫描
      {
        C_data = ~(0x01 < <lie);          //从左到右选择列
        R_data = zimo[zi][lie];           //送被扫描列所对应的行数据
      delay();
      }
    }
  }
}
```

(3)调试程序并观察下载结果。点阵显示汉字“电子”的效果图如图 6.12 所示。

图 6.12　点阵显示汉字“电子”的效果图

## 【任务评价】

表 6.3　任务评价表

| 任务检测 | | 分值/分 | 学生自评（40%） | 老师评估（60%） | 任务总评 |
|---|---|---|---|---|---|
| 任务知识内容 | 电路连接规范且无误 | 15 | | | |
| | 程序编写结构正确且编译无误 | 20 | | | |
| | 点阵能显示汉字 | 20 | | | |
| | 两个汉字滚动显示 | 25 | | | |
| 现场管理 | 出勤情况 | 5 | | | |
| | 机房纪律 | 5 | | | |
| | 团队协作精神 | 5 | | | |
| | 保持机房卫生 | 5 | | | |

## 【思考与练习】

如何控制一个 8×8 点阵动态显示汉字“职教中心欢迎你”？

# 参考文献


[1] 陈光绒. 单片机技术应用教程[M]. 北京:北京大学出版社,2006.

[2] 金杰. 新编单片机技术应用项目教程[M]. 北京:电子工业出版社,2010.

[3] 高平. 单片机技术与应用实验与实训[M]. 北京:电子工业出版社,2008.

[4] 王文海. 单片机应用与实践项目化教程[M]. 北京:化学工业出版社,2010.

[5] 李庭贵. 单片机应用技术与项目化训练[M]. 成都:西南交通大学出版社,2009.

[6] 李文方. 单片机原理与应用[M]. 哈尔滨:哈尔滨工业大学出版社,2010.

[7] 侯玉宝. 基于 Proteus 的 51 系列单片机设计与仿真[M]. 北京:北京工业出版社,2008.

[8] 王安明. 单片机原理与接口技术[M]. 重庆:重庆大学出版社,2013.

[9] 李广弟. 单片机基础[M]. 北京:北京航空航天出版社,2001.

[10] 王东峰. 单片机 C 语言应用 100 例[M]. 北京:电子工业出版社,2009.